花卉栽培养护新技术推广丛书

天竺葵

Tianzhukui 养花专家解惑答疑

王凤祥 主编

中国林业出版社

《天竺葵·养花专家解惑答疑》分册

| 编写人员 | 王凤祥 金兰玲 郁 军

| 图片摄影 | 佟金成 刘青华

| 参加工作 | 佟金龙 王淑霞

图书在版编目（CIP）数据

天竺葵养花专家解惑答疑/王凤祥主编. —北京：中国林业出版社，2012.7

(花卉栽培养护新技术推广丛书)

ISBN 978-7-5038-6633-3

Ⅰ.①天… Ⅱ.①王… Ⅲ.①天竺葵－观赏园艺－问题解答 Ⅳ.①S682.1-44

中国版本图书馆CIP数据核字（2012）第116647号

策划编辑：李 惟 陈英君

责任编辑：陈英君

出　　版：中国林业出版社（100009　北京西城区德内大街刘海胡同7号）

网　　址：www.cfph.com.cn

E-mail：cfphz@public.bta.net.cn

电　　话：（010）83224477

发　　行：新华书店北京发行所

制　　版：北京美光制版有限公司

印　　刷：北京百善印刷厂

版　　次：2012年7月第1版

印　　次：2012年7月第1次

开　　本：889mm × 1194mm　1/32

印　　张：2.25

插　　页：4

字　　数：64千字

印　　数：1～5000册

定　　价：16.00元

《天竺葵·养花专家解惑答疑》分册

前言

花是美好的象征，绿是人类健康的源泉，养花种树深受大众欢迎。现在国家稳定昌盛，国富民强，百业俱兴，花卉事业蒸蒸日上。城市绿化美化面积增加，质量日益提高，大型综合花卉展、专类花卉展全年不断。不但旅游景点、公园绿地、街道住宅小区布置鲜花绿树，家庭小院、阳台、厅室、屋顶也种满花草，鲜花已经成为日常生活的一部分。在农村不但出现大型花卉生产基地出口创汇，还出现了公司加农户的新兴产业结构。自产自销、自负盈亏的花卉生产专业户更是星罗棋布，打破了以往单一生产经济作物的局面，不但纳入大量剩余劳动力，还拓宽了致富道路，给城市日益完善的大型花卉市场、花卉批发市场源源不断地提供货源。另外随着各地旅游景点的不断开发，新的公共绿地迅猛增加，园林绿化美化现场技工技术熟练程度有所不足，也是当前一大难题。

为排解在天竺葵生产、栽培养护中遇到的一些问题，由王凤祥、金兰玲、郇军等编写《天竺葵》分册。由佟金成、刘青华提供照片，佟金龙、王淑霞协助整理，以问答方式给大家一些帮助。

本书概括天竺葵形态、习性、繁殖、栽培、应用、病虫害防治等诸方面知识。语言通俗易懂，不受文化程度限制，适合广大花卉生产者、花卉栽培专业学生、业余花卉栽培爱好者阅读，为专业技术人员提供参考。

作者技术水平有限，难免有不足或错误之处，欢迎广大读者指正。

作者

2012年4月

问 题

一 形态篇

二 习性篇

五 病虫害防治篇

六 应用篇

一、形 态 篇

1. 怎样认识天竺葵属植物?

答：天竺葵属（*Pelargonium*）植物为牻牛儿苗科多年生常绿草本或亚灌木，约250种，多数分布在非洲。植株体多为半肉质，有特殊异味或香味。单叶互生或对生，掌状脉或羽状脉，浅裂至全裂。伞形花序、具梗，花两侧稍对称，萼有距，距与花梗合生。萼片通常为5枚。蒴果5室，每室1粒种子。果实成熟时，果瓣与中轴分离，喙部自下而上卷曲。种子具有白色冠毛。

2. 怎样识别天竺葵的形态?

答：天竺葵（*Pelargonium hortorum*）俗称洋绣球，又有石蜡红、入腊红、绣球花、日烂红、洋葵等名称。为牻牛儿苗科天竺葵属多年生常绿草本花卉。茎直立，株高20～50厘米。播种苗前期有主根，随生长变得不明显，扦插苗无主根，侧根丰富，黄白至白色，根冠白色，有分枝。茎干基部木质化，干黄色。丛生状分枝，有明显叶痕，密生细毛或腺毛，有特殊气味。单叶互生，有叶柄。叶柄长5～8厘米，叶片肾圆形，长5～8厘米，宽6～10厘米，基部心形，边缘波状浅裂，叶面上具有暗红色马蹄纹，两面具短毛，托叶卵形。伞形花序生于花梗顶端，总花梗长8～12厘米，光照不足更长，有花多朵，花色丰富，有红色、粉红色、浅粉色、白色，长约2.5厘米，没开放前花蕾下垂，花瓣通常5枚，萼片线状披针形，距与花梗合生。蒴果成熟时5瓣裂开，果瓣向上卷曲，种子黄色卵圆形。全年有花。有一个很大的品种群。

3. 怎样识别斑叶天竺葵?

答：斑叶天竺葵（*Pelargonium hortorum* var. *marginatum*）叶片边缘具白色或黄色斑纹，或叶片有白色或黄色斑块。叶片稍小。花序上小花数量较少。

4. 怎样识别盾叶天竺葵?

答：盾叶天竺葵（*Pelargonium peltatum*）又称藤本天竺葵、爬藤天竺葵、藤本入腊红、亮叶天竺葵等。为多年生小藤本花卉，茎细弱圆柱状，基部木质化。干黄褐色至灰褐色。藤长可达1米，脱叶后有明显节痕，光滑无毛或具短毛。单叶互生，叶片盾状，近圆形，长4～5厘米，宽5～6厘米。叶缘具5～6浅裂，叶脉明显下凹，半肉质，具短毛，有光泽。叶柄长3～8厘米，上部有毛，具托叶，长卵形，长约5毫米，宽约2.5毫米，具缘毛。伞形花序，枝先端腋生，每花序具花4～8枚，花紫色、紫红色、玫红色至白色，长1.5～2.5厘米，花梗与花近等长或稍长。萼片5枚，长5～7毫米。上方2个花瓣有紫色斑纹，下方3瓣较小。花期春至秋，夏季尤盛。有一个较大的品种群。

5. 怎样识别马蹄纹天竺葵?

马蹄纹天竺葵（*Pelargonium zonale*）又称蹄纹洋绣球，为多年生常绿直立草本花卉，株高30～50厘米。具毛，半肉质，基部木质化，干黄色或黄褐色。单叶互生，叶柄长4～6厘米，托叶宽卵形，先端尖，叶片心状圆形，长3～3.5厘米，宽5～5.5厘米，边缘有钝圆浅齿。表面有明显暗紫色马蹄形斑纹，叶面皱褶具短毛。伞形花序着生于枝先端叶腋，总花梗长10～20厘米，有花多朵。花梗基部有苞片，苞片卵圆形。花色有朱红、深红、红、浅红、粉色、浅粉、紫色、浅紫、白色等多种颜色，花蕾期下垂，开放后直立，萼片长4～6毫米，花瓣长8～10毫米，上面两片稍大。全年有花，但夏季最盛。

6. 怎样识别麝香天竺葵？

答：麝香天竺葵（*Pelargonium domesticum*）又称洋蝴蝶、大花天竺葵、蝴蝶天竺葵、毛叶入腊红。为多年生常绿直立草本花卉，株高30～40厘米。有分枝，基部木质化，干黄色至黄褐色，全株有毛，脱叶后具有明显节痕，节痕处生有潜伏芽。单叶互生，近肾形，长4～7厘米，宽5～9厘米，先端圆形，基部心形，边缘波状有不规则尖锯齿，有时具3～5浅裂。叶柄长，托叶三角状宽卵形，先端渐尖或急尖。伞形花序与叶对生，总花柄高出叶面，有花数朵。萼片披针形，长5～15毫米。花冠粉红色、紫红色、深红色或白色，喉部具深色斑纹，长2.5～3厘米，上面两片花瓣宽大。1年开花1次，花期春至夏。

7. 怎样识别香叶天竺葵？

答：香叶天竺葵(*Pelargonium graveolens*)又称香草、洋玫瑰、红花摸摸香等。为多年生常绿直立草本花卉，株高可达90厘米，有分枝，基部木质化，干黄色。全株密生柔毛，有香气。单叶互生或对生，叶片宽心形或近圆形，长4～6厘米，宽5～7厘米，具5～7羽状深裂或掌状深裂，裂片倒披针形或长圆形，边缘有不规则的钝锯齿或小裂片。叶柄长于叶片，托叶心形或卵形，先端尖。伞形花序，花梗与叶对生，总梗短，有花2～5朵，花小近无柄。萼片披针形，基部稍结合。花瓣紫红色或粉红色带紫色条纹，上面2枚较大，长为萼片的1倍，可达1.2厘米。蒴果成熟时裂开，果瓣向上卷曲。花期5～7月。果实秋季成熟。

8. 怎样识别碰碰香天竺葵？

答：碰碰香天竺葵（*Pelargonium odoratissimum*）又有豆蔻天竺葵、苹果香天竺葵、摸摸香天竺葵、拨拉香、掸尘香、扒拉香等名称。为多年生常绿匍匐状草本花卉，茎长约40厘米，向四周匍匐生长。基部半木质化，干黄色，全株生有白色茸毛，具甜香气味。分枝多而细弱。单叶对生或互生，三角状卵形3～5浅裂，边缘有钝齿，辐射形叶脉，叶片基部宽楔形或浅心形，在对生叶的一侧叶腋间抽生分枝或花序，花小不足1厘米，白色，果实有毛，种子成熟时黄色。全年有花，夏季最盛。

9. 怎样识别枫叶天竺葵？

答：枫叶天竺葵（*Pelargonium* spp.）多年生常绿直立草本花卉，株高30～40厘米，有分枝，株冠披散，基部半木质化，干黄色。单叶互生，叶柄长3～5厘米，托叶卵形，先端尖，叶片近圆形，五裂，边缘有锯齿，长3～3.5厘米，宽4～4.5厘米。伞形花序生于枝先端叶腋，总花梗超出叶片，长约10厘米，花深红色，花期夏季。

10. 怎样识别大花毛芯老鹳草？

答：大花毛芯老鹳草（*Geranium eriostemon* var. *megalanthum*）为牻牛儿苗科老鹳草属宿根花卉。株高30～80厘米，上部有分枝。全株具开展的白毛，上部特别是花序梗具腺毛。单叶互生，肾状五角形，直径5～10厘米，掌状5裂，裂片菱状卵形，长为全长的1/2或稍长，边缘具羽状缺刻或粗齿。茎生叶的叶柄长为叶片的2～3倍，先端叶无叶柄。聚伞花序生于枝先端，常2～3个花序梗自1对叶状苞片腋部生出，先端具2～4花。花梗长约1.5厘米，果期直立。萼片卵形，有白柔毛及腺毛，长约1厘米。花冠蓝紫色，花瓣倒宽卵形，长10～13毫米，花丝基部绝大部位有长毛。蒴果长3～15厘米。花期6～8月。为良好的地被植物，可倡为栽培或切花应用。

11. 天竺葵的花序是有限花序还是无限花序?

答：花序中，中心部位先开放，或1个花穗最先端小花先开放，称为有限花序。花序中，外轮花先开放，或1个花穗由下端向上端渐次开放，称无限花序。天竺葵开花时，由中心渐次向外开放，应属于有限花序。

二、习 性 篇

1. 养好天竺葵需要什么条件？

答：天竺葵原产非洲南部，喜凉爽气候，生长适温为10～25℃，10℃以下生长缓慢，但花期长，6℃停止生长。能耐短时1℃低温，但低温必须为渐变的，不能突然降温。30℃以上必需通风良好。温度过高，进入休眠。喜光照，光照不足、过于荫蔽，花芽不能分化，不能正常开花，但花期不能直晒，直晒会缩短花期，花瓣枯焦。耐干旱，不耐水湿，长时间土壤过湿，根系减少，在高温条件下或休眠期，易引发烂根。喜疏松肥沃、排水良好的沙壤土，在高密度土、贫瘠土中长势不良。耐修剪，重修剪（强修剪）后，在适温条件下很快即能发芽。天竺葵花期长，通常4～6月，在强阳或半阴环境均能良好开放，如果冬季能达到适合生长的温度，光照充足，由秋季至晚春可一直开花。是商品栽培及业余花卉栽培的首选种类。

2. 栽培好斑叶天竺葵要求什么环境？

答：斑叶天竺葵有金边天竺葵、银边天竺葵两种，两者对光照要求有一定差别。金边天竺葵喜充足光照，光照不足金边不明显；银边天竺葵则喜半阴，半阴环境色彩界限分明，色泽明快，光照过强反而暗淡，遮光率50%左右为佳。喜温暖、冷凉气候，生长适温15～25℃，10℃以下生长缓慢，6℃以下停止生长，1℃以下有可能受寒害，30℃以上生长缓慢，有的品种进入休眠（矮生种类）。耐干旱，不耐水湿，生长期间保持湿润，休眠或修剪后保持偏干。喜疏松肥沃、富含腐殖质、排水良好的沙壤土，在高密度土壤、贫瘠土壤中生长不良。耐修剪，在适温条件下，重修剪后，半木质化老干也能良好发芽。

3. 栽培好盾叶天竺葵要求什么环境？

答：盾叶天竺葵原产南非好望角。喜明亮的充足光照或半阴环境。直晒下叶色暗淡，易受灼伤，光照不足，叶节变长，叶片变薄，花芽不能分化。低于12℃生长缓慢，8℃以下停止生长，5℃以下有可能受寒害，一旦受寒害或冻害，不易恢复。30℃以上，生长缓慢或进入休眠。耐干旱，不耐水湿，畏涝，保持盆土见湿见干，长时间盆土过湿，根系减少甚至烂根死亡，高温休眠期更应保持盆土偏干。喜疏松肥沃、富含腐殖质的沙壤土，在高密度土、贫瘠土中长势不良。耐修剪，修剪后长势健壮。

4. 栽培好马蹄纹天竺葵要求什么条件？

答：马蹄纹天竺葵原产非洲南部。喜光照，能耐半阴，在渐变直晒下能良好生长。光照过弱，花芽不能分化，不能良好开花，马蹄纹也不明显。喜凉爽气候，不耐高温，在10～25℃环境中生长良好，6℃以下停止生长，能耐1℃低温。30℃以上，生长缓慢或进入休眠期。耐干旱，生长期间保持见湿见干，冬季或炎热潮湿的夏季，更应偏干，过于干旱，叶片枯黄脱落。长时间过于潮湿，根系减少，或引发烂根。喜疏松肥沃、富含腐殖质的沙壤土。

5. 栽培好洋蝴蝶天竺葵要求什么环境？

答：洋蝴蝶天竺葵原产南非。目前栽培品种以花色区分有几十个品种。喜光照充足，但花期忌直晒，直晒下花瓣枯焦，花期变短。光照不足，花芽难以分化，不能正常开花。喜凉爽气候，在15～25℃环境中长势良好，高于30℃停止生长或进入休眠，10℃以下停止生长，能耐5℃低温，长时间低温也会受害。耐干旱，不喜水湿，畏雨涝，在高温的夏季遇雨或长时间盆土过湿，会导致死苗，应设立避雨设施。但过于干旱，会导致叶面变黄脱落。耐修剪。喜疏松肥沃、排水良好的沙壤土。

6. 养好香叶天竺葵要求什么环境？

答：香叶天竺葵原产非洲好望角。喜充足明亮光照，不耐直晒，直晒下叶色暗淡不鲜明，且易日灼，能耐半阴。喜凉爽气候，不耐酷热，在15～25℃长势良好，高于30℃生长缓慢或进入休眠。15℃以下长势缓慢，能耐6℃低温，低于3℃有可能受寒害，一旦受害不易恢复。耐干旱，不耐水湿，畏雨淋，炎热夏季或休眠时期或修剪后遇雨或积水会导致烂根，而全株死亡。生长期间保持盆土见湿见干，休眠期保持偏干，但过于干旱也会产生叶片变黄而脱落。喜疏松肥沃、排水良好的沙壤土。

7. 养好碰碰香天竺葵要求什么样环境？

答：碰碰香天竺葵原产非洲南部。茎叶细弱。喜光照充足，能耐直晒，光照不足，节间变长，叶片变薄、变小而皱缩，叶片早黄干枯。喜温暖，不耐寒，在15～25℃环境中长势健壮，在室温30℃条件下仍未见停止生长，15℃以下生长缓慢，能耐短时5℃低温，5℃以下有可能受寒害，一旦受害很难恢复生长。耐干旱，怕水湿、畏雨涝，生长期间保持盆土见湿见干，冬季及休眠期保持偏干。喜疏松肥沃、排水良好的沙壤土。

8. 栽培好枫叶天竺葵需要什么条件？

答：枫叶天竺葵喜明亮光照，不耐直晒，能耐半阴，在遮光40%～50%环境中长势良好。喜温暖，不耐寒，在室温15～25℃环境中长势健壮，12℃以下生长缓慢，8℃以下停止生长。能耐5℃低温，低于5℃很可能会产生寒害，一旦受害将无法恢复。30℃以上生长极缓慢或开始休眠。耐干旱，怕水湿，畏雨涝，生长期间保持见湿见干。修剪后、炎热夏季、冬季保持偏干，长时间土壤过湿或积水，会引发烂根。喜疏松肥沃、排水良好的沙壤土，在高密度土、贫瘠土中长势不良。

9. 引种栽培大花毛蕊老鹳草需要什么条件？

答：大花毛蕊老鹳草原产我国东北、华北、西北及四川、湖北等地，生于海拔800米以上较潮湿的草地、山谷草丛、针、阔叶林缘及灌木丛中。喜光照，耐直晒，也能耐半阴。喜温暖也耐寒，栽培可露天越冬。喜湿润，稍耐干旱。畏积水、畏雨涝。长时间干旱，会引发叶片枯黄脱落。积水导致死亡。喜疏松肥沃、富含腐殖质土壤。稍黏的园土也能适应，但在贫瘠土中长势极差。

10. 什么叫寒害？什么叫冻害？两者有什么区别？

答：一些原产于热带、亚热带喜温暖的花卉，其生理活动要求温度多数在15～28℃。当气温降到所能承受程度以下时，所受的伤害称为寒害。如果植株受害时间较短，恢复常温后加强养护，多数能恢复正常生长；如果时间过长，植株就会受到较重伤害，严重时全株死亡。寒害与植株体内含水量有直接关系，体内含水量较多，生理活动活跃，一旦遇到低温，细胞原生质活动受阻，水分对低温传导增快，根的吸收能力降低，造成嫩枝、嫩叶萎蔫，相对受害较重。如果体内含水量较少，低温传导慢，受害较轻。如此推断，植株体内有机物丰富，含水量较少，抗寒能力就会增加，故在寒冷冬季到来之前，应减少浇水量，多受光照，积累更多的养分，以提高抗寒能力。

自然气温降到冰点以下时，植株各部位组织即发生结冰而受害，这种伤害称为冻害。冻害分两种情况，一种为气温缓慢下降至冰点以下，由于细胞间隙往往先形成冰体，使细胞间隙中未结冰的溶液浓度高于细胞液浓度，结果引发细胞内的水分外溢，并在细胞间隙继续结冰，这样就使细胞液浓度不断增高，导致细胞原生质因严重脱水而变性。这种情况是否会导致植株死亡，还应看结冰的程度和解冻的速度以及植株的抗寒能力。此时如果温度回升较慢，解冻速度较慢，原生质便能吸回失去的水分而恢复生命活动。反之如果升温和解冻过快，细胞来不及吸回失去的水分，而这部分水分又很快被蒸发掉，此时植株会因脱水而干枯，造成因冻害而死亡。另一种情况，气温骤然降至冰点以下，不但细胞间隙结冰，同时细胞内也发生结冰现象，直接破坏了原生质结构，将对植株产生更大危害。

三、繁殖篇

1. 天竺葵播种或扦插用的土壤怎样配制？

答：常用于繁殖天竺葵的土壤如下：

(1) 单独应用的土壤有沙壤土、细沙土。

(2) 人工配制的组合土壤有：

细沙土或沙壤土50%，腐叶土或腐殖土50%；

细沙土50%，蛭石50%；

细沙土40%，蛭石30%，腐叶土或腐殖土30%。

拌均匀后，充分晾晒或高温消毒灭菌后应用。小花圃、业余花卉栽培爱好者，尽可能将土壤铺开在阳光下暴晒消毒，灭虫灭菌，不用化学药剂消毒灭菌。

2. 怎样收获天竺葵类种子？

答：天竺葵果实成熟时自行裂开，散落有冠毛的种子，很快飞离母体。故应在上午果皮变黄时，逐个采收。采收后摘除冠毛，稍作阴干后即播。或全部晾干后干藏。

3. 用塑料瓶收藏的天竺葵种子，播下后为什么1棵苗未出？报纸包裹的却出苗整齐？

答：种子采收后，如果准备干藏的种子，必须在采收后去杂，充分晾干再收藏就不会产生这种现象了。其原因为塑料瓶透气性差，种子尚未干透时，体内水分无法散发，在适温条件下一些菌类大量活动，造成发酵，致使霉变而死亡，故不能发芽。用纸包裹的种子，虽然尚未干透，但纸能吸收一部分水分，且通透较好，因种子保存完好，故保证了出苗率。

4. 天竺葵类如何播种？

答：(1) 播种容器选择：

选用透气性好的瓦盆、苗浅或浅木箱。瓦盆的口径应依据播种量的多少而定。浅木箱市场上无现品供应，可依据实际情况让木器加工厂或木桶商定作，也可自行制作。尺度也应依据现场情况而定，习惯上为高10～15厘米，宽20～40厘米，长40～60厘米。容器应用前要清洗洁净，应用旧容器必须彻底清洗污渍，可用钢丝刷或锉刀刷清除后，用清水洗净才能应用。

(2) 播种：

将备好的容器底孔用塑料纱网或碎瓷片垫好。填土至留水口处。留水口一般由土面至盆口2～3厘米。刮平压实后，即行浸或浇透水，为求播种时土面平整，浸水比浇水好。待水渗下后，种子数量少时点播，数量多时撒播。

点播方法：用小竹签，或毛衣针、穿羊肉串的小竹签等，用尖头的一面沾一点水，趁湿去沾1粒种子，将其按压在土面，使种子上面露出土面。播后置温室中半阴场地，不覆土，覆盖玻璃保湿，在20～24℃环境中，4～6天发芽。盆土干燥时，用浸水法补充水分。大部分种子发芽后，逐步撤除玻璃，并逐步移至光照充足场地。一般不做间苗处理，有2～3片真叶时第一次分栽，分栽季节最好在3～5月，或9～10月，避开炎热的夏季。分栽时可选用小口径花盆，也可用苗浅或浅木箱栽培。土壤选用栽培土，应用苗浅或浅木箱时，株行距应以叶片互不相搭为准。应用小口径花盆，习惯上口径10厘米左右，每盆1株。生长到拥挤时，脱盆或分栽定植。

5. 怎样分株繁殖天竺葵？

答：分株繁殖最好在4～6月或8～9月，避开炎热的夏季及寒冷的冬季。将天竺葵丛株脱盆，去部分宿土至能分离处，用芽接刀或其它刀具从基部连枝带根切离，分离后切口处用新烧制的草木灰、木炭粉或化工商店、中草药店供应的硫磺粉涂抹，防止伤口细菌感染。另行栽植。因天竺葵类基部分生枝不多，很少采用分株繁殖。

6. 怎样常规扦插繁殖天竺葵？

答：常规扦插繁殖为天竺葵最常见的繁殖方法。其操作方法如下：

(1) 扦插容器、土壤选择：

选择通透性好的瓦盆、苗浅或浅木箱。参照播种土壤及容器选择。

(2) 修剪插穗：

最好的扦插季节应在3～5月或8～9月，如果管理适当，全年可行。通常结合整形修剪进行，将修剪下来的枝条，剪取先端6～10厘米长为插穗。如果需要量大，下部未老化部分也可修剪成8～10厘米长进行扦插，成活率也有保证。刀口在最下边叶片下部1厘米左右。插穗剪取后，将下部叶片剪除，上部叶片每个叶片再剪去1/2～2/3。基部剪口用芽接刀削平，削平后在切口处涂抹草木灰、木炭粉或硫磺粉。然后按长短、健弱、先端段和下端段并分品种分别堆放。

(3) 扦插：

将备好的容器垫好底孔后，填满扦插基质，刮平压实，浇一次透水，水渗下后，将因压实不均而发生的下陷地方用原土填平，再用直径稍大于插穗的木棍、竹竿或金属棒扎孔，孔深不小于4厘米，再将修剪好的插穗基部置于孔中，扶正后四周压实。做好品种标记。置温室前口、通风良好的半阴场地。

(4) 扦插后的养护：

摆放时应整齐，横成行、竖成线，南低北高。然后用细孔喷头浇透水，保持土表湿润不积水。每日上午或下午喷水。因插穗全体有短毛，易藏尘垢，喷水要充分，勿使尘垢滞留在叶片上，上午喷水应在9：00前，叶片上的水得以挥发，以免叶片滞留水珠，光照强烈的夏季，滞留的小水珠会形成光的聚焦点，产生高温将叶片烧成穿孔。室温保持在15～25℃，高于25℃及时开窗通风。夏季扦插可在阴棚下、树荫下或其它半阴场地，通常月余即可生根。生根后即分栽。

7. 怎样单芽扦插天竺葵才能保证成活？

答：单芽扦插指将插穗按1叶1芽切分，然后进行扦插的方法。操作时，选取尚未木质化的枝条，将基部剪口用芽接刀削平，切口无毛刺，无劈裂，平滑完整，剪切后，伤口用新烧制的草木灰、木炭粉或硫磺粉涂抹，既防止伤流，又防止有害菌类由伤口侵入。切削的切口距上方的叶片基部1～2厘米，叶片的上切口按枝条实际情况而定。最先端一段因组织较嫩，单芽不易成活，应留2～3个叶片，并在修穗时剪除基部1个叶片，单独集中扦插在一起。扦插时先用木棍等在土表扎一大于插穗直径的孔，孔深应在3～4厘米，将插穗放入孔中，四周压实，通常芽点在土表以下。实践证明，芽点在土表以下或以上，对成活及潜伏芽萌动没有影响。其它与常规扦插养护管理相同。由于养护管理需要细致，除插穗不足情况外，不常选用。

8. 怎样踵状扦插天竺葵？有什么优缺点？

答：踵状扦插只是修剪插穗与常规修剪不同，并无很大区别。由于繁殖量小，常与常规扦插结合实施。踵状扦插是在有分枝处由分枝下1～2厘米处剪或切断，由分枝向上2～3片叶处剪或切断。上段经修剪后做常规插穗。剪或切下有分枝的部分，用两手各握1个枝条，向外用力将其掰成一分为二，即称为踵状插穗。按常规扦插方法，将这两个插穗及上部剪切下的插穗共同扦插。其它养护管理同常规扦插。踵状插穗因不用任何刀具切削，组织内细胞绝大部分是完整的，伤口易于愈合，切口面积大，愈合组织也大，可促使多生根，又处在多个关节处，体内积累的养分也多，促使生根快，成活率高为其优点。插穗只能在有分枝情况下才能获得，数量少为其不足。

9. 天竺葵能不能高枝压条？

答：天竺葵类扦插成活容易，没必要用压条繁殖。如为了某种试验或观察，可于生长季节在准备压穗处摘除2～3个叶片，并在摘除叶片的下边环切一刀，用塑料薄膜做成口袋将下口捆绑在切口下边。捆绑时使环切口位于塑料口袋底口的上边，也就是下口捆绑处向上1.5～2厘米处是环切口，然后装填入扦插用土，灌透水，将上口封严。做一个支杆支撑塑料薄膜口袋。土壤见干时解开上口浇水，20～30天即可生根。生根后剪离母体，解除塑料薄膜口袋，栽植于备好的花盆中。

10. 我很喜欢天竺葵的花序，花大色艳花期长。但栽培场地有限，能不能在1株上嫁接几个品种，开出各色的花？

答：天竺葵扦插成活容易，且很快即成型。很少人应用嫁接作繁殖手段。1株上嫁接多种，按理论应该是没问题的，可选用劈接、切接或高位腹接做试验。砧木最好选用冠径较大、长势较快的天竺葵、马蹄纹天竺葵或大花天竺葵，进行它们自己的品种间嫁接。

(1) 削接穗：

接穗长3～5厘米，带有1～2芽，剪除近基部叶片，上部叶片仅留一小部分。在基部30°左右向下斜切一刀，深至髓心部位，再在背面约45°左右斜切一刀，与30°刀口在切口处相交，切口宜平滑、无接刀口、无劈裂、无毛刺，然后包裹于洁净的湿毛巾中。

(2) 削砧木：

砧木要选择刚刚成熟、不老不嫩部位，剪去上端部分，并剪除剪口下边第一片叶片。在中心部位用芽接刀向下劈开，深度稍长于接穗切口，同样应光滑整齐，无接刀口、无劈裂、无毛刺。

(3) 砧穗结合：

一手用芽接刀骨片撬开砧木切口，另一只手握接穗，将削切好的部分置于砧木切口内，要有一侧对准皮层。

(4) 包裹固定：

砧、穗镶嵌好后，用塑料胶布由上至下严密包裹。

(5) 嫁接后养护：

嫁接完成后，置半阴干燥处，伤口应在3天之内不接触雨水或其它水分。如果在嫁接恢复的过程中发生砧芽应剪除，如果成活后恢复正常生长，且接穗新芽健壮程度壮于砧芽时，也可暂时保留，整形修剪时再考虑去留。嫁接成活后，如果不健壮生长或根本不生长，应检查接口是否全部吻合，吻合不好应重新嫁接。如吻合较好时，应检查这一枝条有无分枝，多少分枝，可适当修剪，减少营养消耗，使其营养大部分供应接穗。其它按常规栽培养护。

11. 阳台栽培的掸尘香结了十几粒种子，怎样播种繁殖？

答：家庭条件播种掸尘香最好将种子采后即播。选用瓦盆或自制浅木箱，如果有苗浅也可应用。瓦盆口径选用10～16厘米，不宜太大，过大搬动不方便。浅木箱也可依据阳台情况自行钉制。应用的容器应干净，旧花盆盆壁有污垢时，可用钢丝刷或锉刀刷刷净后再用清水洗净，保持盆壁通透。阳台播种用土可选用沙壤土或细沙土。填土前一定要垫盆底孔，填满土后，刮平、压实，浇透水，待水渗下后，将不平的地方用原土垫平，然后用毛衣针或大排档穿菜、穿肉的扦子有尖的一头稍沾些水，将种子沾在扦子上再点播在土表，稍下压使种子基本在土壤中，上面一侧露出土面。置阳台内光照明亮而不直晒处，盆底垫一接水盘，盆上覆盖玻璃，以保土壤湿度，通常5～7天即可出苗。小苗1片真叶后，逐步掀除玻璃，使其通风透光。长有3～4片真叶时，脱盆分栽。

12. 在阳台上怎样扦插繁殖天竺葵？

答：在阳台上扦插繁殖天竺葵操作方法如下。

(1) 扦插季节：

通常选择4～6月或8～9月。如果冬季室温在18℃以上，11月至翌春2月也可进行。

(2) 扦插土壤的选择：

任选前边介绍过的几种土壤中的1种。为取材方便，应用沙壤土或细沙土较好。扦插在不同的土壤上，生根时间稍有差别。单独1种的土壤生根稍慢，在组合土壤中生根稍快。

(3) 扦插容器的选择：

家庭条件插穗数量不会太多，可选用瓦盆、苗浅、浅木箱，但也不必苛求，家中有什么容器就用什么容器，其口径不必要求过严，小口径盆少插，大口径盆多插，但必须洁净。

(4) 修剪插穗：

切取先端6～10厘米长段作为插穗。如果需要插穗量较多，下边未木质化部分也能应用，也为6～10厘米长并带有2片叶以上。用芽接刀或其它利刀将基部削平，不能有劈裂或毛刺，并剪除基部叶片，上部叶片再剪去1/2～2/3，伤口涂抹新烧制的草木灰、木炭粉或硫磺粉。

(5) 扦插：

在土表用直径稍大于插穗的木棍或竹竿扎孔，孔深不小于4厘米，将插穗基部置于孔中后，扶正，四周压实。

(6) 扦插后养护管理：

扦插完成后，置阳台光照明亮不直晒场地。盆下放一个接水盘，然后浇透水。每日早晨或晚间向叶片喷一次水。如有条件，连同附近墙面、阳台面同时喷湿，以增加小环境空气湿度，对成活有利。

通常25～30天左右生根。待新叶发生后脱盆分栽。秋插苗可于翌春出房前后分栽。

13. 在阳台上怎样扦插繁殖掸尘香小苗?

答：扦插是繁殖碰碰香天竺葵最常见的方法。扦插土壤及容器按照播种进行选择。选取插穗可剪取常规插穗、踵状插穗或单芽插穗，但以前两种最好。插穗长度按常规6～8厘米，有芽3～4枚，踵状插穗与此相同。单芽扦插穗长度应不少于3厘米。扦插后置阳台内窗台上或半阴处，容器下垫接水盘，浇透水，保持土壤湿润。每日早晨或傍晚用细孔喷嘴向叶片喷水，以增加小环境湿度。养护适当，25～30天即可生根。生根后即行分栽。

14. 扦插插穗为什么要求在最下部一片叶下1～2厘米处剪下？

答：植株叶节处积存有大量营养物质，叶腋处有1个潜伏芽，在生长需要时，潜伏芽即可萌动，并利用积存物质迅速生长。在下部第一片叶下1～2厘米处切取插穗，因有营养堆积，生根容易，愈伤组织内含营养丰富，生根也多。况且天竺葵插穗有在温度、水分适合时，由叶节处先生根而后形成愈伤组织的习性，给成活增加了保障。扦插时，地表下有1个腋芽，当插穗部分通过生长发育老化后，叶腋的潜伏芽就会萌动，长出新的植株，代替老化植株生长发育，开花结实。腋芽萌动长出新株时，地下部分的茎处会发生很多短节，每个短节处均可发生不定芽，这是今后植株新陈代谢的后备力量。

15. 插穗插入土壤的深度，与生根时间及成活率有什么关联？

答：扦插繁殖的插穗插入土壤的深度，与生根时间、成活率有密切关联。插穗愈伤组织形成需要一定温度，而生根又需要一定量的水分。插穗需要的温度一般情况来自光照，阳光投射在土面上，所提供的热量由表面逐步向下传导，越往下传导得越慢。另外所选用的扦插基质颗粒间空隙越大，容气量越多，升温就越快，基质密度越高，颗粒间空隙越小，容气量越少，升温就越慢；土面温度高，而越往下越低，所以扦插插穗插入土壤越浅，愈伤组织越易形成，并能提前生根。扦插插入土壤越深，愈伤组织形成越慢，生根也慢。这里还有一个相关问题，就是插穗插入土表越浅，越易倒伏，插入土壤越深越稳固。故应选取一个既能良好生根又能稳固的深度，这个深度通常为3～6厘米。

16. 容器扦插与畦地扦插哪种方法生根更快一些？

答：在同等环境、同样养护管理、没有附加设施的条件下，容器扦插苗先生根。畦地苗床扦插苗生根晚一些。其原因是容器扦插苗除上面接受阳光照射外，四壁同时也接受阳光照射，实际上等于多面加温，很快达到所需要的生根温度。在高温条件下，又四面或多面通风，很容易缓解温度，因此生根快。畦地的土温靠上面受光后向下传导，受热面积小，传导慢，相对生根稍慢，但因水分调节较好，成活率高。

17. 天竺葵的种子播种前浸种，是否提前出苗？

答：天竺葵种子种皮很薄，水分极易浸入。种子接触水分后几个小时即能被吸收，没必要浸种。另外如果用40℃温水浸种，种子中一些淀粉及糖分会很快溢至水中，致使水变成糊状，种子黏接在一起，给播种带来困难。故天竺葵种子不宜浸种。

18. 天竺葵播种子，为什么覆盖玻璃不覆土？

答：前面已经介绍过，天竺葵属种子均为薄皮，且种子外皮不够光滑，种子接触水分后很快即能吸收使种子膨胀，膨破种皮而出苗，这就需要水分充足。覆盖玻璃能良好保持水分，水分不易散失。另外种子播下后各种方向都有，如横向的、斜向甚至倒立的，发芽时小苗需要向上生长，此时种子需要翻身，翻身的动力主要部位在胚茎的基部，借弯曲力量翻动。在不覆土的状态下，种子在没有任何压力的情况下很容易翻动，如果将其埋入土壤中，就需要承担覆土的重量，翻身出苗就困难多了，影响出苗率。

19. 应用硬塑料盆或瓷盆等高密度材质容器作扦插或播种繁殖容器时，采用什么措施后才能保证良好出苗与成活？

答：应用硬塑料盆、瓷盆或一些盆壁通透性较差的花盆，用于扦插或播种繁殖小苗时，可于填装土壤前，垫好盆底孔后，先填装一层3～5厘米厚建筑轻型材料陶粒。陶粒质轻，不沉积，不膨胀，通透性好，为排水良好的材料之一。陶粒上再填装播种土，刮平压实后扦插或播种，即能保证出苗与生根成活。

20. 什么叫浸水?

答：花卉浇水的方法有很多种，诸如灌水、浇水、喷水及浸水。其中灌水又分漫灌、畦灌、沟灌、滴灌等，浇水分为管道浇灌、浇壶浇灌，喷水为喷淋、喷灌、喷壶喷灌或喷雾。

浸水多用于花卉种苗繁殖，可在水池、水沟、水缸及较大口径的水盆中进行。先将池、沟或缸内适当位置垫砖石等物，然后将播种好或扦插好的花盆或苗浅等放置在其上，花盆上口应高于水面3～5厘米，使水不能由盆口流入，而是由盆底孔及盆壁通过毛细孔作用而吸入。土壤中水饱和后移至养护基地。

21. 插穗为什么要切取不用剪取？剪取不是省工省时吗?

答：插穗不但要用刀具切取，还要求刀具锋利，这是因为利用刀切取时单面受力，切削速度快，创伤面平整光滑，对细胞组织而言被切面也较整齐，很少或没有压伤，有害菌类侵染机会少，形成愈伤组织较容易。用枝剪或叶剪剪取时，剪口处是受两方压力，而使组织遭到破坏，形成不平整创面，被挤压的组织很快会腐败、溃伤，一些有害细菌乘虚而入，严重时造成腐烂，整个插穗死亡。

四、栽培篇

1. 怎样沤制有肥腐叶土?

答：于秋冬之际，选通风向阳、排水良好、不妨碍生活、生产的地块进行土地平整，在平整好的土地上叠挡土埂。挡土埂内的场地应是方形、长方形或圆形。初叠埂高应不小于30厘米，以后随堆高直至封顶。叠好埂内铺8～10厘米厚细沙土，再铺30～40厘米厚落叶或杂草，再铺一层化粪池中掏出来的人粪尿或禽类粪肥。要随堆随拍实，埂也随之增高。沙土、落叶杂草、粪肥依次堆至1.2～1.6米，最高不高于1.8米。堆放中如材料过干，应适量喷水加湿压实。覆盖薄膜，四周再用原土压实，防止被风吹开。翌春将塑料薄膜掀开，由一侧用三齿镐或四齿镐、铁锨等翻拌倒垛。翻拌时将块状物打散粉碎。翻拌后仍堆放整齐，经过30～40天堆沤，仍需再次翻拌倒垛，直至大部分或完全发酵腐熟。过筛后经阳光直晒，干透后应用，或装入编织袋待用。

2. 怎样沤制无肥腐叶土?

答：无肥腐叶土又称素腐叶土。沤制方法与有肥腐叶土相同，只是不加肥料及沙土，与之相区别。

3. 怎样堆沤厩肥？

答：厩肥即牲畜饲料的残渣、粪尿及垫脚的组合物质。在饲养牲畜过程中，圈中除睡卧的地方需垫稻草、豆秸、薯藤外，它们排泄也有独立的地方，在它们的排泄场地及活动空间，要经常垫杂草、树叶、粉碎的禾秆、锯末、树皮、谷壳、蔬菜的残体、残茶剩饭、生活炉灰等，也可少量垫普通园土或细沙土，牲畜活动中践踏使其混合在一起，当圈内填垫物质太多时，即行起圈。起圈是将圈内混合物挖掘出来的俗称。掘挖出来后堆放在晒肥场或花圃不妨碍生产的边角，并喷水加湿。堆放宜整齐，堆成长方形、方形等。经发酵腐熟后倒垛，翻倒2～3次后过筛，即可作盆花肥料。应用于畦地时，发酵腐熟后直接施用。

4. 什么是蛭石？

答：蛭石是硅酸盐在高温条件下形成的云母状物质。在加温中水分迅速消失，矿物质膨胀，其结果是增加了通气的孔隙和容水能力。其容重为100～130千克/立方米，pH值7～9，呈中性或碱性反应。每立方米能容水500～650升水。用蒸气高温消毒后，能释放出一定量的钾、钙、镁。蛭石在用于栽培后，会出现密度加大的特性，使通透性及吸排水性能变差，故适用于繁殖。用于栽培，通常比例不大于40%。

5. 什么叫陶粒？在栽培天竺葵时如何应用？

答：陶粒是一种轻型建筑材料，为黏土经煅烧成直径1厘米左右的膨化颗粒，这种球状颗粒即为陶粒。陶粒持水后不会膨胀也不会致密，有一定的吸水量。干品容重约500千克/立方米。应用硬塑料盆、瓷盆等高密度材料作栽培容器时，多用于盆底垫层以利排水。

6. 土壤中掺入的炉灰是哪种炉灰？

答：土壤中掺入的炉灰，是生活中常用的蜂窝煤炉灰或煤球炉灰，应用量大时，也可应用燃气锅炉的炉灰。炉灰容重约750～800千克/立方米，呈碱性反应，应用时最好与泥碳组合，降低pH值。

7. 沙土怎样应用于天竺葵栽培？

答：在花卉栽培应用上，常将沙土分为建筑沙、细沙土、沙壤土三类。建筑沙指颗粒较大、松散，颗粒直径多在0.5～1毫米，又称为粗沙，通常在没有细沙土情况下，常用于扦插繁殖。细沙土颗粒在0.1～0.3毫米之间，常见有紧沙土及松沙土，紧沙土含有一定量水分后，手握成团，落地即散，松沙土含水与不含水手握后松手即散。沙壤土颗粒更小，多数在0.1毫米以下或含有少量细土。沙土类通透性好，能良好排水，又能在一定程度内保湿，为栽培繁殖良好土壤，但含肥量少，肥力差，有发小不发大的特点，应用时应适量加肥及有机质，才能良好发挥作用。沙土类容重约在1600千克/立方米。

8. 什么叫腐殖土？栽培天竺葵如何应用？

答：腐殖土又称草炭土、泥炭土等，它是古代沼泽地带的植物因地球某种运动被埋藏在地下，在长期淹水和缺少空气的条件下，形成分解不完全的特殊有机物质，这种物质即为腐殖土。腐殖土的养分丰富，pH值强酸性至酸性，栽培天竺葵，多数需人工调制组合用土，用量不大于40%。

9. 废弃的食用菌棒能代替腐叶土应用吗？

答：废弃的食用菌棒多由棉籽皮、玉米棒等材料制成，可代替腐叶土、腐殖土应用。废弃食用菌棒含有大量有机质，通透性好，能良好排水，又有保湿作用。栽培天竺葵土壤中，可掺入20%～30%。

10. 树枝、树皮、木屑、刨花、锯末发酵腐熟后，能代替腐叶土栽培天竺葵吗？

答：树枝、树皮、木屑、刨花等，在堆沤前需经粉碎成末状，按有肥腐叶土沤制方法沤制。这些材料含木质素量大，发酵腐熟时间较长，可在有机肥腐熟后混合应用。天竺葵栽培土用量应在10%～30%左右。

11. 怎样小批量栽植天竺葵扦插苗?

答：在温室中小批量生产天竺葵扦插苗方法如下。

(1)整理温室：

将准备用于栽培的温室内杂物、杂草清出室外并做妥善处理，切勿乱堆乱放。将苗床、花架、门窗、供暖设施、供水设施、通风设施做一个全面维修。切勿等小苗摆好后再修，那就困难多了。如有新添加设施，也应在小苗摆放前施工。

(2)杀虫灭菌：

习惯上选用20%杀灭菊酯乳油4000倍液加40%三氯杀螨醇乳油1000～1500倍液，再加50%多菌灵可湿性粉剂800～1000倍液喷洒，喷洒宜细致，墙面、花架、墙角，要不留死角地喷洒。如果地下害虫多，应浇灌一次50%辛硫磷乳油800～1000倍液杀除。如有线虫病史的花圃或地域，应浇灌或撒施10%铁灭克颗粒剂或33%威百亩水剂防治。

(3) 栽培土壤：

为良好生长，最好选用人工配制的土壤。有经验的老园艺工，都有自己的一套配土方案。不论哪一套方案，均应保持疏松、肥沃、通透、排水良好。下面介绍几组组合方案：

沙壤土60%、腐叶土或腐殖土40%，另加腐熟厩肥8%，再加蹄角片2～4片。应用腐熟禽类粪肥、腐熟厩肥或颗粒粪肥为4%～5%；

普通园土40%、细沙土30%、腐叶土或腐殖土30%，另加肥不变；

普通园土40%、细沙土20%、腐叶土或腐殖土20%、炉灰20%，另加肥不变。

不论选用哪种土壤，均需经过充分晾晒或高温消毒灭菌后方能应用。

(4) 栽培容器选择：

批量生产可选用经济耐用的营养钵或瓦盆。小苗期选用10×10～10×12（厘米）的营养钵，而后随生长更换大口径营养钵。栽培数量不多时，最好还是应用口径10厘米高筒瓦盆，随生长换大盆。花盆要清洁干净。

(5) 上盆栽植：

先将底孔用塑料纱网或碎瓷片垫好，小苗期将土壤填装至盆或钵高的1/4左右，并压入剪碎的蹄角片2～3片。刮平后将小苗放入盆或钵中，一手握苗，另一只手抓素土（扦插土）将根部埋好，使根系不直接接触肥土，再填栽培土至留水口处。留水口从盆内土面至盆口1～1.5厘米。再次用手压实，同时两手各握盆沿一侧在土地上蹾2～3下，使土壤与根系密贴。

(6) 摆放：

幼苗期用小口径容器栽植摆放时，横向一排6～8盆，不宜过多，过多养护不方便；竖向按温室进深而定，成为一方。方与方间预留操作通道，习惯上宽40～60厘米，最边上一方应距墙体40～50厘米。南窗下留30～40厘米空间，这个空间一是没有光照，另一是窗面距地面过近，不但不能保温，也有碍植株生长。北侧为运输兼操作通道，最窄不能小于1.3米，这是因为人力手推车、三轮车等轴距为1.1米。

(7) 浇水：

分栽小苗容器较小，填装的土壤较少，浇水最好选用压力较小的喷浇。如选用直浇，应将水嘴放在贴近土壤处，并尽可能减小水的压力，以防将盆土冲出盆外，甚至冲倒幼苗。待水渗下后检查盆土有无下陷，小苗有无倒伏，有无渗水过慢等现象。有盆土下陷及时用原土填平。有倒伏及时扶正。有渗水过慢或不渗水，及时找出原因加以处理。第一次浇水后保持盆土湿润。每日上午或下午喷水1次，喷水时宜将场地四周同时喷湿，以增加栽培场地小气候的空气湿度。

(8) 温度与通风：

生长期间保持通风良好，室温高于25℃，门窗全部打开通风。低于25℃、15℃以上晴好天气，中午也应半开通风窗。低于12℃不再开窗通风。冬季室温低于12℃应点火供暖。

(9)摘心修剪：

扦插苗倒盆缓苗，生长6～8片叶时，留3～4片剪去先端部分，剪下来的枝条仍可作插穗。第二次或以后应于开花后作整形修剪。成型植株最好在8月整形修剪，冬季至翌年春季能良好开花。

(10) 追肥：

上盆后40～50天第一次追稀薄液肥，以后每隔15～20天追肥1次。花期、休眠期停止追肥。追肥可选用浇施、撒施、埋施及点施多种方法。浇施即浇液肥，为目前多数园艺工作者最常用的方法，有吸收快、省工省力的优点。撒施即将粉末状肥料撒于盆内土表，再用挠子又称铁丝钩子将其混拌于土内，通过浇水渗入盆土内。埋施是沿盆壁部分或全部掘开一条环形或有间断的环形沟，苗期沟深2～4厘米，宽1～2厘米，大盆应适当加大、加深，将肥料施于沟中后，原土回填，压实后浇水。点施是用金属扦沿盆壁在土表向下扎孔，孔深3～5厘米，直径1.5～2厘米，扎好后将肥料施于孔中，原土回填，压实后浇水。无论用哪种方法追肥，肥料必须经发酵腐熟。应用无机肥，应对水成浓度3%左右再浇灌。追肥的时间，夏季最好在下午，给它留一段缓冲的时间。自然气温在25℃以下，不必考虑时间。

(11) 中耕除草：

肥后、雨后或土表板结时，结合除草进行中耕，但杂草在适温、适湿环境中时有发生，应随时发现随时薅除。除草要除根才能不复发。另外除草宜小不宜大，小草根系小，一拔即除。一旦长大，根系与天竺葵小苗缠绕在一起，只能用剪子一根一根剪除，就复杂多了。杂草不但与栽培植物争夺养分、水分，还遮挡阳光，影响土温，藏匿病虫害，有百害而无一益。所以必须及时薅除。

(12) 转盆扩位：

简易温室多数单面采光，植株为追光往往偏向光照面。特别是靠墙部分更为严重。故发现追光及时转盆，避免茎叶弯向一侧，一旦弯曲则需支杆校正，是一件较繁杂的事。植株在生长中株冠不断扩大，株高不断增长，株行间显得拥挤时应拉大盆距，同时按北高南低重新摆放。修剪、除草、中耕、转盆通常一起进行。

(13) 倒换大盆：

当植株生长到显得盆小株冠大、不协调时，即行换大盆。换盆与脱盆换土有区别。倒换大盆指植株脱盆或脱钵后，土球基本不动，原土球栽植于大盆中，称换大盆。换土则将土球部分或全部宿土去除，用原盆或换盆，更换新土的方法，称脱盆换土。

倒换大盆的操作方法为，将带植株的花盆横放在土地上磕动，或拍打盆壁，也可在木架、桌椅边角将盆倒置，一手托土表，另一手握盆上下磕动，即能带土球脱出花盆。小营养钵栽培苗，可一手握植株茎干，另一手捏钵的下部，用力挤压，即能良好带土球脱出。栽植前通常先将口径14～18厘米的大盆盆底孔用塑料纱网或碎瓷片垫好，填装栽培土2～3厘米，放入蹄角片3～4片，如果片大或小，可酌情增加或减少。蹄角片为缓释肥，肥效慢、肥效长，是常绿花卉施用的良好肥料。垫好蹄角片后，将完好土球的植株置于盆中心位置，扶正后，四周填装栽培土，随填随压实，直至留水口处。留水口从盆土表面至盆沿上口1.5～2.5厘米。上好后仍置原栽培处，按方摆放整齐，浇透水，进行常规养护。

12. 怎样在简易温室中栽培大花天竺葵?

答：大花天竺葵又称洋蝴蝶天竺葵，俗称洋蝴蝶。喜凉爽气候，不耐酷热，不耐寒。耐干旱，不耐水湿，怕雨涝。喜明亮充足光照，不耐直晒，可早晚有直晒光照，中午遮阳。

(1) 栽培土壤的选择：

选用沙壤土60%、腐叶土或腐殖土40%，或普通园土40%、细沙土30%、腐叶土或腐殖土30%，另加腐熟厩肥8%，再加蹄角片3～4片。

(2) 栽培容器选择：

为不浪费栽培场地，栽培容器常分为两期，小苗期选用口径10～12厘米高筒瓦盆，或10×10～10×12（厘米）营养钵。株冠长大至看上去头重脚轻时，换用16～18厘米口径高筒瓦盆或硬塑料盆。不管应用何种口径、何种材料容器，均应干净清洁。

(3) 遮阳：

上盆摆放好即行遮阳。遮阳材料可选用荻帘、竹帘或遮阳网，遮去自然光50%左右，习惯上遮阳帘设在塑料薄膜面上方，既遮光又遮热，夏季起到降温作用。

(4) 温度与通风：

大花天竺葵在室温15～25℃左右长势良好，室温高于30℃停止生长或进入休眠。12℃以下生长缓慢，10℃以下停止生长。能耐短时5℃低温，低于3℃有可能受寒害，一旦受害很难恢复。栽培中室温高于25℃开窗通风，夏季门窗全部开启，昼夜加大通风。室温低于12℃生火供暖。如果在栽培中长时间12℃以下，也会产生伤害。夏季勿受雨淋，雨淋会产生烂根而死亡。

(5) 修剪：

整形修剪最好在8～9月或花后，不宜过晚，过晚则翌年开花晚且花序小。其它栽培养护同天竺葵。

13. 斑叶天竺葵怎样在简易温室中栽培养护?

答：常见斑叶天竺葵有两种，即银边叶天竺葵、金边天竺葵。银边叶天竺葵叶片边缘具白色斑纹，与叶片翠绿的部分界限明显，碧玉镶银，非常可爱。金边天竺葵，叶片边缘黄色界限处有渐变色，黄绿分明更觉美丽。银边叶天竺葵在遮光60%～75%时色泽明快，长势良好。金边天竺葵在这种光下黄色较浅，在遮光40%～50%时色彩较好。其它栽培养护参照天竺葵。

14. 马蹄纹天竺葵在简易温室中怎样栽培养护?

答：马蹄纹天竺葵在光照充足环境中，叶片上暗红色蹄纹明显。光照过弱，则彩纹暗淡不明。栽培中要有充足明亮的光照，通风良好，按时追肥。长势越健壮，马蹄纹越鲜艳。

15. 在简易温室中怎样栽培盾叶天竺葵?

答：盾叶天竺葵又称亮叶天竺葵、爬藤天竺葵、藤本天竺葵、垂吊天竺葵等。茎叶无特殊气味。温室内栽培最好摆放在屏风式花架或于梁柱上栽培，在普通花架或苗床栽培，藤条易缠绕在一起，零乱，不易摘开。

(1) 整理温室，消毒灭菌：参照天竺葵。

(2) 栽培容器的选择：

依据需要选用口径10～16厘米高筒花盆，或带有挂环的垂吊花盆。盆壁通透性越好，植株长势就越好，故选择瓦盆最好。用高密度材质花盆栽植时，最好垫有排水层。栽植的花盆应清洁干净。

(3) 栽培土壤选择：

选用瓦盆时，普通园土50%、细沙土30%、腐叶土20%；或园土为沙壤土时为60%，腐叶土或腐殖土40%，另加腐熟厩肥6%～8%，再加蹄角片2～3片。选用硬塑料盆或瓷盆时，普通园土40%、细沙土40%、腐叶土或腐殖土20%，另加腐熟厩肥6%～8%，再加蹄角片2～3片，经充分晾晒，或高温消毒灭菌后，并将pH值调整至5.5～7后上盆应用。

(4) 上盆栽植：

扦插苗发生2～3片新叶时分栽，选用10～12厘米口径花盆或10×10～10×12（厘米）营养钵，每钵1～3株，呈三角栽植，切勿集丛。栽植时先将花盆或营养钵底孔垫好后，填装2～3厘米厚栽培土。靠容器四壁放置剪碎的蹄角片1～3片，将苗放入盆或钵中心位置，填素沙土保护根系，而后再填栽培土至留水口处，刮平压实。

(5) 摆放：

小苗期摆放参照天竺葵。换入大盆后应单行摆放于花架一侧，或选用挂屏式悬挂于花架上，或悬挂于温室梁架立柱上。摆放的位置与应用有直接关系。如应用时摆放在花架上四面观赏，应在温室梁架上悬吊栽培，使四面均有下垂的枝条；如单面观赏，可在普通花架边缘或挂屏式花架栽培。整理枝条时也应按用途分单面或四面调整。其它养护同天竺葵。

16. 怎样在简易温室栽培香叶天竺葵？

答：香叶天竺葵长势相对较弱。喜充足光照，耐半阴，耐直晒性较差。喜湿润，耐干旱，畏积水，怕雨涝，特别在炎热夏季，更应保持盆土偏干。夏季30℃以上将遮光由50%改为75%左右，并将门窗全部打开通风。盆土保持偏干，早晚向场地面喷水降温。冬季低于12℃生火取暖。花后强修剪，修剪下的枝条可作繁殖用插穗。雨季，特别是雷阵雨应防雨淋。突然降温会引发烂根。其它栽培同大花天竺葵。

17. 简易温室怎样栽培碰碰香天竺葵？

答：碰碰香天竺葵又有豆蔻天竺葵、掸尘香天竺葵等名称，简称碰碰香、掸尘香、摸摸香、扒拉香等，为天竺葵当中香味较浓的一个种。茎干细柔，匍匐状小藤本。栽培中，要求光照充足，能耐渐变直晒，能耐半阴。喜湿润，能耐干旱，畏积水，怕雨淋。喜凉爽气候，能耐高温，不耐寒。因为用手碰碰、摸摸，手上即留有余香，茎叶干枯后香味不减，故而深受爱花人喜爱。

(1) 栽培土壤选择：

栽培碰碰香天竺葵的土壤必须疏松肥沃，排水良好。最好的土壤为：

沙壤土60%～70%、腐叶土或腐殖土40%～30%，另加腐熟厩肥6%～8%，应用腐熟禽类粪肥、颗粒粪肥或腐熟饼肥为4%～5%。

普通园土60%、细沙土20%、腐叶土或腐殖土20%，加肥不变。

普通园土40%、细沙土20%、腐叶土或腐殖土20%、蛭石20%。

所应用的土壤必须经充分暴晒或高温消毒灭菌后应用。

(2) 栽培容器的选择：

碰碰香天竺葵茎叶纤细，柔藤四射，应配口径较小的花盆，习惯上常用口径10～12厘米高筒瓦盆或硬塑料盆，花盆应干净。

(3) 脱盆分栽：

扦插苗成活后长出2～3片新叶时，脱盆带部分护根土分栽。播种苗真叶3～5片叶时，带小土球掘苗分栽。栽植时垫好底孔后，填装栽培土至盆高的2/3～3/4位置时刮平，用手在中心位置掘出一小穴，穴中填一层素土，将苗放在素土上，扶正后压一层素土，再填栽培土至留水口处，刮平压实，浇透水。

(4) 追肥：

恢复生长后每隔月余追肥1次。习惯上应用肥水浇施，也可选用埋施，最好不选用撒施。

(5) 脱盆换土：

每栽培2～3年脱盆换土1次。脱盆时将盆放倒或横置，轻轻拍打盆壁边或在桌椅等木器的边角上磕动，均能良好完整地将土球脱出。再将花盆清扫或洗刷干净，换新栽培土，重新栽植于原盆中，或更换大花盆栽植。栽植后置原栽培处，浇透水，恢复常规栽培养护。其它栽培养护同天竺葵。

18. 在简易温室中如何栽培枫叶天竺葵？

答：枫叶天竺葵喜充足明亮光照，耐阴，不耐直晒，夏季在遮阳50%～60%环境中长势良好。直晒下叶色反而黯淡不明快。光照不足，不能正常开花，叶片变薄，节间变长，枝冠不整齐。夏季室温高于25℃应加大通风量。室温30℃以上停止生长。冬季室温低于12℃生火供暖。能耐干旱，炎热夏季也应保持盆土偏干。盆土长时间过湿或高温天气稍有积水，会出现烂根，全株死亡。每日向场地地面喷水1次。向植株喷水时，土面见湿即能良好生长。其它栽培养护参照天竺葵。

19. 怎样应用硬塑料盆或瓷盆等高密度材质容器栽培天竺葵？

答：硬塑料盆、瓷盆因材料密度高，通透性差，土壤含水不易蒸发，应用时最好在栽培土壤下垫一层陶粒或炉灰渣，增加排水性能。陶粒、炉灰渣pH值均为碱性，应用前最好用300倍的稀硫酸处理一下，然后用清水洗净，使其保持pH值在5.5～6.5之间。上盆时先垫好盆底孔，然后填一层厚2～3厘米处理好的陶粒或炉渣，刮平后填装栽培土栽植。

20. 怎样在阴棚下栽培天竺葵？

答：天竺葵夏季在阴棚下栽培，往往长势比在无通风、降温设施的简易温室中生长更好。有条件夏季移至阴棚下栽培更好。

(1) 清理场地：

春季出房前将阴棚内及四周杂草、杂物清理出去。并做妥善处理，将地面进行平整，同时做一次检修，确保安全应用。棚下要预留上盆或脱盆换土的场地。

(2) 消毒灭菌：

将棚内设施及地面喷洒一次杀虫灭菌剂，习惯上应用40%氧化乐果乳油1000倍加40%三氯杀螨醇乳油1000倍液，再加50%多菌灵可湿性粉剂1000倍液。如地下害虫较多或有线虫病史地区或花圃，还应在地表施用10%铁灭克颗粒剂或3%呋喃丹颗粒剂。每亩用量1.5～2.5千克。

(3) 阴棚遮阴度：

阴棚应有防雨设施。选用荻帘、苇帘、竹帘或遮阳网遮阴，遮去自然光50%左右。

(4) 移出温室放置于棚下：

移出温室又称出室或出房。当室外夜间自然气温稳定在15℃以上时，即可移出温室放置在阴棚下栽培。摆放前将残枯败叶剪除，将花盆用竹笤帚清扫干净。如有栽培用花架，按前低后高的次序摆放，如无花架，应按南低北高成方摆放。方的横向宽1～1.2米左右，长应依据阴棚进深而定。方与方之间留不小于40厘米宽的养护操作通道。摆放宜整齐，要有良好的观赏性。

(5) 浇水：

浇水最好在上午或下午，以上午为好，避开炎热的中午。并喷水降低场地气温，增加场地小环境湿度。浇水应以盆土表面见干、见湿为准。雨季及时排水，保持盆土偏干。

(6) 追肥：

摆放好后即行追肥。追肥按种或品种特性15～30天左右1次。追肥方法以追液肥为最好，也可撒施、埋施与点施。浇液肥时，应将出肥口直接接触土表，勿溅于叶片，如不小心溅在叶片上，应及时喷水清洗叶片，防止因肥液污染，而造成叶片穿孔或腐烂。

(7) 松土除草：

在肥后、雨后、土表板结时，结合除草进行松土，但杂草随时有可能发生，应随时发现，随时薅除。

(8) 转盆拉间距：

随着株冠不断扩大，显得拥挤时，应倒换位置并拉大株行距。在这期间，将败叶、残叶、徒长枝、停止生长枝、伤残枝进行整形修剪，并转盆调整追光面，保持株冠圆整。

(9) 脱盆换土：

8～9月整形修剪后，依据长势及株冠大小进行脱盆换土或更换大盆。

(10)移回温室：

又称入室或入房。植株移回温室前，将室内清理干净，所有设施包括门窗、遮阴设施、保湿设施、供暖设施、上水、下水设施、花架等进行一次维护。如果有新增设施，也应在入室前施工完毕。并做一次消毒灭菌处理。在棚下将植株残枝败叶修剪，喷水冲洗叶面积尘，花盆清扫干净，于自然气温夜间低于12℃或霜前移回温室。仍需横成行、竖成线成方摆好。

(11) 温室内养护：

入室后加大通风量，自然气温不低于12℃的无风天气，不必关闭通风窗，以后随气温降低，晚间关闭，中午打开。浇水不宜过多，保护盆土偏干，盆土土表不干不浇。运输通道、操作通道每天喷水1次，既增加小环境空气湿度，又防止尘土起落。室温保持白天18～25℃，高于25℃开窗通风，室温下降后关闭，低于12℃供暖。冬季每20天左右追肥1次，但室温须保持20～25℃，低温环境不追肥。如果发现土表板结时也应中耕松土。发现杂草及时薅除。在通风不良的温室内，随时会有黄枯叶片发生，应随时摘除。为确保室温，于每日晚17:00前落席，早9:00左右卷席，使室内充分受光。防寒保温可选用蒲席、厚草帘、防寒被等。出房前7～10天，加大通风量，使其适应室外环境，自然气温稳定于15℃以上时，仍移至阴棚下栽培。

21. 怎样用钢筋混凝土搭建阴棚？

答：搭建阴棚的材料可分为钢筋混凝土、钢结构及竹木结构。可做成永久性的，也可短期应用。

(1) 平整场地：

按习惯，将阴棚建立在温室的前边或后边，或距温室较近、搬运较方便的场地。场地应避风，光照、排水良好，并高于自然地面。先平整场地，将场地内杂草、杂物清理出场外。

(2) 定点放线：

用皮尺或钢尺找出阴棚的中心线或边线，以及柱子的中心位置，由中心线两边外扩，确定两边的槽边线，确定后用石灰撒标记线。通常开间柱与柱间3～3.6米，进深（跨度）尺度依据场地实际情况而定。但也不能太大，过大时应增设支撑柱。

(3) 挖槽：

搭建阴棚挖槽的土方工程重点为柱坑。一般情况为70×70×70（厘米）。挡水墙槽为宽40厘米，深30～40厘米，长度为阴棚长向柱外10～25厘米。周圈掘出的土方堆放在一起，立柱、挡水墙砌好后，原土回填。

(4) 槽底夯实：

槽挖好后，将槽底土壤耙平后用人工夯实。夯实部位包括柱基及挡水墙基础。

(5) 作软垫层：

软垫层即大家常说的3：7灰土层，柱坑软垫层厚度通常为20厘米，分2～3层夯实。挡水墙因无承重，厚10厘米足够用了，一次夯实，不必分层。

(6) 预制件浇筑：

钢筋混凝土预制件包括梁、柱、柱墩。梁又分为主梁、拉梁等。梁也可用工字钢、槽钢或钢筋花梁制作，既轻便又牢固。预制件之间的连接处应设预埋件。预埋件不宜过小，通常用角钢、扁钢或钢板制作。柱的主筋应不小于直径16毫米，箍筋直径8毫米，预埋件尽可能连接在主筋上。绑好的钢筋放入模具中。常用的混凝土比值为：1：2.5：4，即水泥1份，建筑沙2.5份，石渣4份。混拌均匀后浇筑，并用振捣棒捣实，将所含空气通过震波导出，以减少空洞。浇筑后覆盖草帘或麻袋片保湿，3～4天即可拆模。拆模后仍需覆盖喷水保护，25天后即可应用。

(7) 浇筑柱墩：

通常采用上边宽30厘米、下边宽40厘米、高20～30厘米的方台体。钢筋为直径10毫米圆钢，箍筋为4～5毫米。仍选用1：2.5：4钢筋混凝土浇筑。养护期也为25天。

(8) 砌砖基础及挡水墙：

软垫层上为高20～30厘米的砖基础，长宽为50×50（厘米），用1：3白灰砂浆或水泥砂浆砌筑。挡水墙与柱的基础相同，在软垫层上砌筑。挡水墙高度与棚内地面相同或稍高于地面。

(9) 组装：

先砌基础墙，然后放入柱墩，再立柱，用支架将立柱立直扶牢，吊装拉梁后上梁。并用电焊将预埋件焊接牢固。焊接用电焊勿用氧气熔接，以免受热面积过大，而损坏水泥强度。组装好，全面刷一遍外墙涂料。

(10) 屋面组装：

屋面又称屋顶，可用钢筋混凝土预制件，也可用钢材、竹木等。

通常立柱为钢筋混凝土预制，其棚面则为钢材、竹木相结合组装。

(11) 覆盖防雨遮阳物：

在屋面上铺一层薄塑料薄膜，薄膜要与屋面牢牢绑合在一起，薄膜上覆盖荻帘、竹帘、苇帘或遮阳网，栓绑牢固。

22. 单位院内无条件栽培花卉，想在屋顶栽培天竺葵，要求什么条件？

答：屋顶栽培常绿花卉，必须建有简易温室及阴棚。建立时应考虑整体建筑群美观及建筑物的承重。承重墙及柱子需在建筑物承重墙上。简易温室应设有加温设施、上水下水设施、保温设施、遮阴设施以及通风降温设施。加厚防水层及保护防水层。棚下及栽培场地应铺一层锯末、刨花、蛭石、陶粒等既排水又保湿的垫层。垫层上应铺塑料网或废旧的遮阳网。防止这些物质散落流失。也可应用稻草席，既增加小环境空气湿度，下边房间还能降温。屋顶排雨水口处，重复设水箅子，不使垫附物流失，造成雨水管堵塞。栽培天竺葵，冬季在室内，夏季移至阴棚下。夏季经常向锯末等垫层上喷水。入秋后停止喷水，使其保持干燥，以免冻坏防水保护层。

23. 平房小院条件怎样养好天竺葵？

答：天竺葵在庭院中栽培，实际上一年当中一半时间在室内，一半时间在室外。观赏与栽培相结合。一般情况下，于室外自然气温稳定于12～15℃以上时，由室内移至室外露天栽培。移出后先行喷洗，将在室内栽培一冬所落在叶片上的尘污清洗干净。放置在院内通风良好的直晒处或半阴处。放置前先在准备好的场地上码放1～2层卧砖，或扣放一个花盆，将植株放在卧砖上或花盆上，防止地下害虫由盆底孔钻入盆内危害。摆放在露台、窗台或离开地面的几兀上，可不再垫砖或花盆。每日上午或下午依据盆土干湿情况浇水。

检查盆土干湿情况有多种方法，如观盆法。在正常情况下，盆内土表虽然已经见干，但盆壁、盆底仍有湿痕，证明土壤并不缺水。如果盆底已干，说明土壤含水量已经很低，应及时浇水。另一种为敲盆法，即用手指半握成拳或用木棒轻敲盆壁，如果声音沉闷没有回音，则土壤不缺水，如果声音清脆或带有回音，则说明土壤中已经严重缺水。最直观的方法是观看植株的变化，如果叶片挺拔，叶色翠绿，证明土壤中不缺水，如发现叶片边缘上翘，或无力下垂，证明已经严重缺水。敲盆时，如有劈裂的声音，是花盆有裂口损伤，应及时修补或更换。

家庭条件浇水时多用舀勺、壶等厨具做浇水工具，浇水时宜尽量接近土表，以免水压大将盆土冲出盆外。浇用的水最好经晾晒后，待水温与自然气温相近时再浇，以免水温过低影响植株生长。喷水同时将场地四周喷湿，以增加小环境湿度，以利植株良好生长，并在下午或晚间进行。因天竺葵类大多数叶片着生短毛，水喷上后易聚结成珠，如上午或中午遇直晒阳光，会形成聚光焦点将叶片烫伤形成穿孔。夏季移至树荫下、棚下或建筑北侧明台或高台上的半阴处。雨季防雨淋，特别是雷阵雨天气更应防雨，防止盆土因温差及土壤内空气流通不畅而导致烂根死苗。

夏季生长期间每15～20天施肥1次。追肥时自然气温要在15～30℃之间，习惯上高于30℃、低于20℃时停止追肥。追肥可选用浇施或埋施，以浇施为最好。家庭环境浇施易产生异味，可适量加入EM菌液，家庭用量很少，可向附近禽类养殖场、养猪场等单位求助。浇施时将壶嘴直接接触土面，勿溅于叶片，如不慎溅于叶片，应立即喷水清洗。选用埋施时，将沿盆壁土壤掘出，深度3～5厘米，将腐熟的干肥撒入沟内，原土回填，压实后浇透水。应用无机肥时，对水成浓度3%浇灌。选用花卉市场供应的小包装肥料时，按说明应用。目前网上贴有颗粒或粉末状肥料，也可按说明应用。

肥后、雨后发现土表板结或发生杂草，应及时中耕松土铲除，保持土表通透。通常8～9月份进行强修剪并脱盆换土。修剪时将强枝短截，横生枝、病残枝、过弱枝短截或剪除。

将土球除去部分宿土。新栽培土最好为园土40%、细沙土30%、腐叶土或腐殖土30%，另加腐熟厩肥6%～8%，或腐熟禽类粪肥、腐熟饼肥或颗粒粪肥为4%左右，再加3～4片蹄角片。脱盆时先将花盆横置，放于土地或木板上，用手轻拍盆壁，并行滚动，然后将花盆倒置，一手托盆土表，一手托盆壁，在土地面上或窗台、桌、椅边角上上下磕动，即能顺利脱出，除去部分宿土。将花盆清扫干净，如盆壁积有污物时，用钢丝刷或锉刀刷刷净后，用清水清洗晒干后重新使用。如果株型较大，应更换大盆。盆底一定要垫塑料纱网或碎瓷片，再垫2～5厘米厚的陶粒，陶粒上填装3～5厘米栽培土，并在盆壁处散开放蹄角片，填栽培土护严，将苗放入盆内，四周填土，宜边扶正，边填土，边压实，直至留水口处。留水口从土面至盆沿1.5～2.5厘米。仍置原栽培处，浇透水保持盆土湿润，待新芽发生后，盆土表面不干不浇水。入秋后逐步加强光照。

当室外自然气温低于12℃或出现霜冻前移至室内。为使其适应室内环境，于白天移至室外原栽培处，晚间移至室内。当室外白天气温低于15℃时，将其固定在室内光照充足场地，停止追肥，保持盆土偏干。浇用的水，应提前由井中或自来水放入广口容器中，经晾晒至水温与室温相近时再浇喷，喷水、浇水宜在室内进行，不得移至室外喷淋。经常转盆，防止因追光而偏向一侧。

24. 平房环境怎样栽培碰碰香天竺葵？

答：碰碰香天竺葵因触之即有香气，故大家均喜在家中栽培。当室外自然气温夜间稳定于15℃以上时，将碰碰香天竺葵移出室外，放置在窗台、明台等光照充足、直晒不强或半阴不受雨淋场地，喷水洗净一个冬天积存在叶片、叶腋的尘垢，并进行整形修剪。剪下的枝条可作插穗扦插繁殖。

脱盆换土，一般情况选用口径10～14厘米高筒盆，应用原旧盆时应清洗洁净。栽培土为普通园土40%、细沙土30%、腐叶土或腐殖土30%，另加腐熟厩肥6%左右，应用腐熟禽类粪肥、腐熟饼肥或颗粒粪肥为4%左右，另加3～4片蹄角片。栽植方法为：先将清洁干净的花盆底孔用塑料纱网或碎瓷片垫好，然后填3～5厘米栽培土，刮平压实后，沿盆壁处放入碎蹄角片或一圈腐熟肥，再填土压平。将脱盆后的土球外围部分宿土清除，放入盆中心部位，扶正后四周填平，随填土随压实，填至距盆沿约1.5～2厘米左右处压实刮平。浇透水，置半阴处缓苗，待新叶发生后，逐步移至光照充足场地。生长期间每隔20天左右追肥1次。肥后松土。随时薅除杂草。自然气温降至15℃以下或出现霜冻时，晚间移至室内，白天仍移至原场地栽培，7～10天后固定于室内光照充足处。冬季保持12℃以上，盆土保持偏干。此时因光照、水分、通风不足可能会出现老叶枯黄，应随时摘除。枯黄的老叶仍保持特有的香气，可压制书签或用其它方法保存，即使压成粉末，但香气不减。要经常转盆，不使植株偏向光照强的一侧。浇水、喷水均须在室内。浇用的水要提前放入广口容器中晒水，待水温与室温相近时再浇。冬季不浇肥。春季移至室外栽培。

25. 家住六楼，南边有阳台，北边有近9平方米平台，平台北侧有直射光照。这种环境怎样栽培天竺葵？

答：在阳台上栽培天竺葵方法如下。

(1) 阳台朝向选择：

天竺葵喜光照充足，能耐直晒。在选择阳台朝向上，以南向阳台最好。东西两侧夏季能栽培，冬季因光照不足不宜栽培。北向阳台因光照不足，不能正常生长良好开花，即使能生长开花，也不会很好。如果阳台护栏内或平台有充足光照处，即能良好生长。

(2) 栽培土壤选择：

可参照花圃常规栽培用土，但最好能组合成普通园土40%、细沙土30%、腐叶土30%，另加腐熟厩肥8%，或腐熟禽类粪肥、腐熟饼肥、颗粒粪肥等6%左右，翻拌均匀，经充分晾晒即可应用。应用花卉市场供应的小包装肥料时，应按说明施用。底层增加陶粒排水层则更好。

(3) 栽培容器的选择：

家庭条件栽培天竺葵对栽培容器无特别要求，家中有哪种盆就用哪种盆，但必须洁净。如果用新盆，应依据植株大小，选择14～20厘米口径高筒瓦盆。

(4) 移出室外：

室外自然气温稳定于15℃以上时，由室内移至室外，放置于阳台、平台、护栏的半阴外或夏季中午不直晒场地。摆放时尽可能离开建筑物侧墙面，因为墙体在炎热的夏季白天吸收大量的辐射热，最高时可达70℃，这些热量在夜晚降温后又要释放出来，这种高温效应会导致空气干燥使植株生长缓慢、停止生长甚至提前休眠。除此之外，尚有可能损伤叶片，使叶片干黄，花瓣枯焦早落。

(5) 浇水：

出室后喷水，彻底将茎叶冲净。每日早晨或傍晚浇水，并喷水1～2次，喷水时将栽培场地四周同时喷湿，增加小环境空气湿度。浇水后3～5分钟检查渗透情况，发现积水不下渗，应及时找出问题所在，并加以处理。

(6) 转盆：

阳台条件包括北侧平台及护栏内，多数为单面受光，很容易造成枝条因追光而弯曲，应每3～5天或发现叶片追光及时转盆。

(7) 追肥：

出房后即行追液肥，以后每隔15～20天1次。可浇施或埋施。栽培容器较大时也可点施。应用无机肥时，对水成浓度3%浇灌。应用市场供应的小包袋肥料时，按说明施用。但需多施促花肥，少施促叶肥，可防止徒长，并增强抗病能力。

(8) 松土除草：

盆土土表板结时、肥后应松土，保持土表通透。杂草在适温、适湿环境中时有发生，应及时薅除。

(9) 修剪、脱盆换土：

花后或8～9月将植株进行强修剪，修剪下的枝条可作插穗扦插繁殖。而后脱盆，将部分宿土去除，再将花盆清扫洁净或更换新盆。栽植时先将盆底孔垫好后，放入一层约3～5厘米厚的陶粒，或清洗干净的炉灰渣，也可码放贝壳以及其它利于排水的物质。陶粒等基质上铺2～3厘米厚栽培土，再沿盆壁放3～5片蹄角片或围撒一周圈腐熟粪肥，用栽培土压严即可栽植。栽植后置半阴处，待新叶发生后，逐步移至光照充足处，浇透水，保持盆土见湿见干。

(10) 室内养护：

霜前或自然气温夜间低于12℃时，白天原地栽培，晚间移至室内过夜，连续10天左右，将其固定放置于室内光照充足处，保持盆土偏干，不干不浇。浇用的水应提前将自来水放入广口瓶中，待水温与室温相近时浇灌。向植株喷水，应在室内进行，不可移至室外。停止追肥。在室内供暖前及停止供暖后的两个较低温时间段，盆土不是特别干燥时最好不浇水，以免产生寒害。天竺葵生长温度基点要求较低，冬季在昼夜反温差环境下，易产生徒长，也是控制浇水保持盆土偏干的原因之一。春季天气回暖后移至室外栽培。

26. 楼房栽培的天竺葵，新生叶变小、变黄，边缘枯焦，是什么原因？

答：天竺葵新生叶变黄、变小、边缘枯焦的原因，应该为生理缺铁病，是一种缺铁引起的生理病害。栽培用土壤很可能是沙土类，土壤本身缺铁所造成。可先将病部剪除后，浇灌1∶50的硫酸铝或1∶180的硫酸亚铁或矾肥水。当新叶无症状后，按常规追施有机肥，或及时脱盆更换新土，就不会再有这种情况发生了。

27. 什么叫矾肥水？怎样配制？

答：硫酸亚铁俗称黑矾，加入适量饼肥、禽类粪肥和水等同时沤制出的肥水称矾肥水。常用比例为水200千克，饼肥（常用麻酱渣、花生饼、黄豆饼等）或蹄角片、禽类粪肥等10～15千克，硫酸亚铁3千克左右，共置一缸，置阳光下封严。沤制发酵至15～16天时启封，用木棒等工具翻拌一次，翻拌时不能用金属工具，如铁钎、铁锹等，以防腐蚀。搅拌后仍封严。夏季约25～30天，春季约30～40天，秋季约60天，冬季须经60～80天后，即能完全充分腐熟。腐熟后为原液，应用时依据浓度对水30～50倍。生长季节每10～15天浇1次。矾肥水对大多数微酸性花卉均能应用。

28. 马蹄纹天竺葵基部叶春天还好好的，夏天却变黄干枯是什么原因？

答：不但马蹄纹天竺葵有此现象，所有天竺葵种或品种均会发生此类现象。基部老叶变黄而后干枯，属自然老化现象。天竺葵类叶片存活时间差别较大，一般情况下大花天竺葵、枫叶天竺葵叶片存活约200～250天；碰碰香天竺葵150～200天；天竺葵的矮生种约100～150天，很少有存活200天的；天竺葵的高茎种及马蹄纹天竺葵、大花序天竺葵叶片存活约150～250天，很少有存活300天的。

叶片存活时间长短与气温的高低、土壤含肥量的多少、含水量的多少、通风及光照好坏有直接联系。在最适温度存活寿命长，在低温或高温情况下存活寿命短，特别在高温下，由于生长速度加快，新陈代谢也加快或已经超过生长能承受的温度，其存活寿命更短。土壤含水量适中，植株吸收水分等于消耗时，肯定生长良好，叶片存活期长，土壤长时间干旱，组织中水分处于长期不足，或长时间土壤中含水量过多，毛隙孔中含空气量不足，也会引发早枯早落。通风不良，光照过强、过弱，叶片受损，均会导致变黄早落。这些是可以人为调整，延长叶片存活寿命的。

29. 绿地中规划栽植一片大花毛蕊老鹳草，在3年内完成，怎样引种栽培？

答：大花毛蕊老鹳草目前栽培得尚不广泛，苗的来源仍有困难，应该由采种育苗开始准备。

(1) 采种：

大花毛蕊老鹳草原产我国东北、华北、西北及四川、湖北等地的潮湿地，山沟草地及阔叶林边缘、灌木丛中均有野生。通过当地林业部门或公园管理部门，于7～9月采收种子。因蒴果成熟时背部裂开，弹出种子，种子又具冠毛，极易散落，应在果实变黄、背部尚未裂开前逐个剪取。采摘后放在有气孔的网袋内，既能通风，又能保持种子不散失。带回后经晾晒，除去果皮、冠毛等杂物即播，有人称为埋头播种。也可将种子干藏，翌春播种。

(2) 播种土壤：

普通园土50%、腐叶土或腐殖土50%；沙壤园土60%、腐叶土或腐殖土40%；普通园土40%、细沙土30%、腐叶土或腐殖土30%。翻拌均匀后，充分晾晒，或高温消毒灭菌后应用。

(3) 播种容器或畦地：

容器选择:可选用口径18～24厘米瓦盆，口径40厘米苗浅，或长40～60厘米、宽20～40厘米、高10～15厘米浅木箱。浅木箱商场没有现货销售，可请木器家具厂、木桶商等制作，也可自行用废木箱改制，或用18～20毫米厚的木板制作。浅木箱长向两侧应设手提环，底面板与板间留窄缝或另设底孔。不论应用哪种容器，均应清洁干净。

苗床或平畦准备：选背风向阳、排水良好的场地进行平整，并确定准备叠畦位置，定点放线。沿线用铁铣等工具叠畦，并耙平压实。畦内土壤按比重加入腐叶土及细沙土。或将土壤掘出畦或床外，换入准备好的土壤，并耙平压实。掺入或更换后的畦或床面，要高于自然地面10厘米以上，便于夏季排水。

(4) 播种：

选用容器播种时，先将准备好的洁净容器用塑料纱网或碎瓷片垫好底孔，填入3～5厘米厚陶粒，再填装栽培土壤至留水口处。土壤应随填随压实，浇或浸透水，水渗下后即可均匀撒播。数量不多时可点播。不覆土，覆盖玻璃。置背风半阴场地，或温室内中前口。用喷雾或浸水方法补充盆内土壤水分。通常第二年春季出苗。小苗大多数出土后，逐步掀除玻璃，并逐步移至光照充足处。温室播种苗，掀除玻璃后10～15天，移至室外自然光照较好的场地。

选用畦床播种时，先将整理好的畦浇透水，水渗下后将坑洼不平的地方利用原土填平。将种子掺入适量过筛后的细腐叶土中或细沙、细土中，均匀撒播于畦床土表，喷雾保湿及补充畦床内土表水分，并覆盖塑料薄膜。待小苗大部分出土后，掀除薄膜，使其逐步适应自然环境，待小苗4～5片叶，改为浇水，浇水时浇水管的出水口处垫一块草垫，使水通过草垫渗流于畦土中，防止因水压过大将土壤冲走，甚至将小苗冲倒或将幼根冲出土外。

(5) 浇水：

苗期因种子小、种皮薄，宜选用浸水或喷雾保持土壤湿度，小苗4～5片叶时，改为浇水或喷水。盆栽苗除冬季外，每天上午或下午浇水。保持见湿见干，畦床苗保持偏干，土表不干不浇水。雨季及时排水。

(6) 追肥：

容器栽培苗，生长期间20～25天追液肥1次；畦床栽培苗每月1次。

(7) 中耕除草：

土表板结、肥后、雨后中耕松土。随时发现杂草随时薅除。随时将病残叶、枯黄叶摘除。

(8) 越冬：

露地畦床苗浇冬水越冬。容器栽培苗于冷室、地窖、阳畦或雍土越冬。

30. 大花毛蕊老鹳草怎样在绿地中栽培？

答：大花毛蕊老鹳草用于绿化栽培方法如下。

(1) 整理翻耕栽植用场地：

绿地中配置花卉，在平整翻耕用地时多为整体施工。将场地内杂草、杂物、枯树废根清理出场外，并做妥善处理。翻耕深度不小于30厘米，同时施入腐熟厩肥每亩3000～3500千克，然后通过翻耕使其均匀分散于土壤中，并将大块粉碎。应用腐熟禽类粪肥、腐熟饼肥或颗粒粪肥时为2000～2500千克。施入后整体压实耙平，并做成0.3%～0.5%的坡度，以利雨季排水。如果栽植地土壤中砖石杂物过多应过筛，或更换新土。客土应为疏松肥沃的园土。应用建筑挖槽土时，应适量增施腐叶土及腐熟厩肥。筛出的杂物或更换出的杂土可就地深埋。

(2) 栽植：

土地整理好后定点放线。按线耖叠土埂，按30～40厘米株行距掘穴栽植。栽植季节应在10～11月叶片枯黄后，或翌春化冻后，带宿土或裸根栽植。如反季节施工时，应先用容器栽培，施工时脱盆地栽。

(3) 浇水：

绿地浇水除管道、水泵浇水外，常用水车浇水。不论应用哪种浇水方法，均应在浇水出水口处垫草垫，水浇在草垫上再渗入畦土，以免将畦土冲向一边。绿地栽培浇水宜透，土表见干后再次浇水。生长期间，土壤不干、叶片不卷，不必浇水。花期保持土壤湿润。霜冻后浇越冬水。雨季及时排水。

(4) 追肥：

生长期间追肥2～3次，可选用浇施或埋施，肥后浇水。入冬至翌春发芽前埋施1次。

(5) 中耕除草：

土壤板结、肥后、雨后结合除草进行中耕。但杂草在适温、适湿的条件下随时会有发生，应随时薅除，杂草种类很多，有的根系很大，生长很快，如不及时薅除，根系与大花毛蕊老鹳草根系缠绕在一起，危害很大，且不易薅除。

(6) 越冬：

霜后将地上部分剪除，浇越冬水越冬。冬季应保持场地整洁，无人为踩踏。翌春浇返青水作复壮栽培。

31. 阳台栽培的枫叶天竺葵长势很好，雨季突然叶片变黄枯干，是什么原因?

答：枫叶天竺葵喜凉爽气候，高温天气要保持通风良好，盆土偏干。气温过高，通风不良，盆土过湿，均会导致烂根枯死。耐热性不强的还有麝香天竺葵、香叶天竺葵、矮生天竺葵、碰碰香天竺葵等。这几类天竺葵，夏季应摆放于通风良好、有防雨设施的半阴场地。上午9：00前、下午16：00后浇水，向植株喷水最好在下午。向场地地面喷水不受限制。浇肥水应在下午。坚持盆土土表不干不浇水，不积水，通常即能安全度过夏天。

32. 单位用中水浇灌绿地中的树木及花灌木、草地，是否可用于浇灌天竺葵?

答：由污水处理厂供应各单位用的中水，是有标准的，这个标准是安全的，即能用于浇灌花灌木、草地等。用来浇灌盆花，只要没受二次污染也是安全的，可放心使用。用于喜酸性花卉，应用前应做一个pH值测定，调整后再用。

33. 村头小土坡上建有豆腐的加工点。土坡下有一池塘，塘内积存有大量黑色制作豆腐的残渣，并生有香蒲、泽泻、慈姑、浮萍等水草。能否取回作花卉的肥料?

答：如果没有受到化学污染，应该是良好肥料。池中生有香蒲、浮萍等水生植物，证明已经发酵腐熟，可将其运回花圃后堆沤7～10天，观察是否完全腐熟。如堆积物在翻动时仍有很大热量，并有浓烈的发酵味时，为未完全腐熟状态，应继续堆沤。如堆积物的内部温度稍低于自然气温，或基本与自然气温相同，且发酵味不很浓时，说明完全发酵腐熟，可做腐熟厩肥施用。如果作为绿地或畦地栽培，运回后直接摊晒，摊晒中要勤翻拌，并将大块粉碎，一般情况在晒干后即成为疏松的粉末或纤维状的粉末，不必经过二次发酵腐熟即可施用。

34. 村南晒谷场边有大量谷壳、麦秆、豆秸、玉米秆等堆积物，高有近2米，能否当做腐叶土应用？

答：这些本来就是沤制腐叶土的材料，如果当地有场地，可就地翻拌倒垛，加适当化粪池肥、禽类粪肥，或直接喷水，充分发酵后即为良好有肥腐叶土或无肥腐叶土。可按腐叶土比例加入组合土壤应用。

35. 为了节约用水，想在改建的花房底下与前边栽培用地建地下水库。目前有直径约2米、长4米的预应力钢筋混凝土管，能否用作贮存雨水的容器，以节省建筑材料？如果可能怎样实施？

答：在缺水的城市中，利用中水、生活废水、湖水、河水、塘水、雨水浇灌绿地，势在必行。修筑贮水池或利用报废设施贮存雨水，是非常有益的事。雨水贮存设施一次性投资较大，但几十年收益，还是合算的。利用旧预应力钢筋混凝土管，安全性较好，承重力也高，是个好办法。底部用钢筋混凝土及3∶7灰土做垫层。混凝土管最好横卧放置，有条件时两节对接，另外两节靠在一边，以此码到直至最后一排。管孔两方设贮水过渡间与其两端连接。贮水池顶端距地面应在50厘米以下。设立永久性贮水池，要有专业部门的正式规划设计，提供施工图纸及专业施工队伍。

36. 剩茶水、洗菜水、淘米水、米汤、面汤、刷锅水、洗手水等生活废水，能否用于浇灌盆花天竺葵？

答：剩茶水，浇花时往往连同茶叶一起倒入盆中，一则不干净、不卫生，有碍观瞻，降低观赏质量；二则盆内土表堆上茶叶后，不易检查土壤干湿情况，且易藏匿病虫害；三则茶水中含有茶碱，影响土壤pH值。故最好不用于浇灌盆栽花卉。洗菜水，只要菜中不带病虫害，尽管放心应用。淘米水中虽然含有淀粉等有机物，但含量较少，不会对植株产生危害，可以浇用。米汤、面汤含大量有机物，腐熟发酵期间会产生对植物有害的气体，可经发酵腐熟后作肥水施用。刷锅水只要不含大量盐、碱即可应用，含盐碱多应弃之不用。洗手水含碱较多，最好不要浇灌盆花。

37. 小花圃的栽培场地为黄黏土，旱天土壤坚硬如砖石，雨天不渗水成泥浆，这种土怎样改良才能栽培天竺葵类花卉？

答：黄黏土属高密度土壤之一，土壤颗粒小，密度大，颗粒间孔隙小，通透性差，含空气少，阳光照射后升温慢，属冷性土，又称寒性土，不经改良不宜直接用作容器花卉栽培。容器栽培天竺葵，应用这种土壤碎末，只能占30%左右，掺入细沙土30%、腐叶土40%，另加腐熟厩肥8%～10%，应用腐熟禽类粪肥或颗粒粪肥为5%～6%。拌均匀后充分晾晒，或高温消毒灭虫灭菌后应用。

38. 离休还乡，老家远离大城市，方圆百里均为沙土，我带回的几种天竺葵如何栽培养护？

答：沙土或沙壤土地区气候干燥，升温快，温度高。室外养护时，应早晨或晚上浇水，并将栽培场地四周喷湿，但盆土保持偏干。放置于阴凉、通风良好处，按时追肥。脱盆换土时应用当地沙壤土占50%～60%，腐叶土或腐殖土50%～40%，另加腐熟厩肥8%～10%，拌均匀后，经充分晾晒即可上盆。这种土壤疏松通透，既排水良好，又有一定的保湿性能，适合在干旱的夏季高温、空气干燥地区应用。雨季及雷阵雨时，防雨、防淋、防风。但生长期间沙土含肥量相对不足，应15～20天追肥1次。冬季霜前移入室内光照充足处。栽培不会太困难。

39. 我们这里没有花卉市场，也没有卖肥料的商家。有大量牛马粪、鸡粪。市场上一年到头也碰不到卖花的。我栽培的天竺葵还是老朋友由大城市带来的，目前已经2年没换土了。怎样用当地材料组合栽培土壤？

答：实际上鸡粪、牛马粪也应该属于厩肥范畴。这种情况可把园土70%、牛马粪30%，另加6%～7%鸡粪拌在一起堆沤，堆沤时要随堆随喷水。堆好后四周拍实，覆盖塑料薄膜。夏季1个月左右，其它季节2个月左右掀开塑料薄膜翻拌倒垛。倒垛后仍应堆放整齐，经2～3次翻倒后，即能完全腐熟，成为良好栽培土。

40. 在阳台上用口径26厘米高筒花盆栽培的高株型红色花天竺葵有近1米高。但开花越来越少，花序越来越小，是什么原因？

答：于秋季或春季，以秋季为好进行强修剪，将徒长枝短截，弱枝、横生枝、下垂枝、伤残枝短截或剪除。修剪时，强枝留短些，弱枝留长些，这样新枝发芽后较为整齐。如内膛枝较多，也应适当剪除几枝。修剪好后即行脱盆，将盆洗刷洁净，再将宿土去除一部分，更换新土，即能复壮生长开花。

41. 播种出来的矮生天竺葵，第一年开花是淡紫色的，经修剪后，第二年春季有1个枝条开出的1个花序上均为白花，另几个枝条仍为淡紫色花，是什么原因？这个枝条剪下来扦插是否能成为新品种？

答：天竺葵在异花授粉时所结的种子，体内含两个亲本的遗传基因，子代有可能向父本遗传，也可能向母本遗传。由问题的情况分析，亲本花色应该是一株淡紫色，一株为白色。子代开花后呈淡紫色，但体内仍含有白色基因。在花芽分化时，受到自然界中的射线、肥料、某种光照的刺激，使白色基因加强，从而产生白色花朵。由于是腋芽处的改变，这1个由腋芽发展出来的枝条，在幼芽期发生基因的改变，切下来扦插，经过2～3年稳定栽培，即可成为另一个芽变新品种。

42. 展览温室中如何地栽天竺葵？

答：展览温室和四季厅地栽天竺葵的方法是一样的。其环境要求光照及通风良好，冬季有供暖设施，夏季有降温设施，室内最好有水源。

(1) 整理翻耕栽培用地：

通常展览温室中地栽植物有设计规划。按设计图定点放线，并将场地内不属规划的杂物清出场外。在设计线内翻耕栽植用地，翻耕深度应不小于30厘米。土壤中的杂物特别是建筑垃圾过多时，应过筛或更换新土。更换的客土最好是疏松肥沃的园土。翻耕同时施入腐熟厩肥每平方米4～4.5千克，均匀分布于30厘米深的土壤中。应用腐熟禽类粪肥时为2.5～3千克。如果土壤过黏，应增施腐叶土或腐殖土。地下害虫较多地区，应浇施或埋施杀虫剂，有根结线虫地区，应杀除线虫后栽植。孤植时，按栽植穴换土。

(2) 栽植：

按设计图的规划线叠埂，踏实耙平后，埂内再一次翻耕耙平，按30～40厘米株行距掘栽植穴，进行栽植。栽植时植株宜放正，四周填土压实，并整体找平。

(3) 浇水：

展览温室或四季厅，多选用橡皮管或塑料管，接在自来水管龙头上浇水。在出水口处，即畦的进水口处垫一草垫，将水浇灌于草垫上，通过草垫减压后渗入畦中，以防畦土被冲得坑洼不平。水渗下后，如有因压实不够造成倒伏或下陷时，应及时扶正或用原土填平。日常土表不干不浇水。土壤过湿、光照不足、通风不良均会导致茎节变长、茎变细、叶片变薄变小。长时间过湿，土壤中孔隙被水占领，根系不能正常呼吸，造成烂根全株死亡。

(4) 追肥：

生长期间，根系不断由土壤中吸收各种营养元素，并消耗利用，土壤的营养元素不断减少，减少的部分需要补充，用追肥的方法补充不足部分，是最好的方法。追肥最好的方法为埋施，每隔50～60天1次。休眠期、室温低于15℃、高于30℃停肥。肥后松土，应随时除草。

(5) 修剪：

展览温室布置的植株可大可小，故不应做强行修剪。但脱叶过多也应强修剪。平时随时摘除残花枯叶。7～9月份修剪或强修剪，修剪后控制浇水。修剪下的枝条可作扦插插穗。

(6) 光、温、风的控制：

天竺葵喜充足明亮光照，能耐不强烈的直晒，稍耐半阴。在光照强烈的夏季，最好遮去自然光50%左右。一般品种在室温15～25℃生长最好，低于10℃生长较慢或停止生长，高于30℃停止生长。室温高于25℃开窗通风，低于10℃生火供暖。夏季尽量通风。

43. 节日立体花坛用天竺葵组装，应怎样栽培？

答：节日立体花坛通常应用花卉数量大，需要大量插穗。多用于秋季或春季，常用矮生种先端假年龄枝扦插苗。

(1) 整理清洁温室：

将温室内不是为栽培和繁殖用的杂物全部清理出栽培场地。室内所有设施，如取暖设施、栽培花架、上水及下水设施、通风设施、遮阴设施、保温设施、门窗及照明设施进行一次彻底维修。如需要更新或新增设施，也应在植物入室前施工。清理或维修完成后，喷洒一遍杀虫灭菌剂。如地下害虫较多或有根结线虫史的花圃或地区，应撒粉或浇灌杀灭地下害虫及线虫药剂，消毒灭菌后即可入房栽培。

应用药剂杀虫灭菌，习惯上选用喷洒40%氧化乐果乳油1500～1800倍液，加75%百菌清可湿性粉剂600～800倍液；或20%杀灭菊酯乳油3000～4000倍液加40%三氯杀螨醇乳油1000～1200倍液，再加50%多菌灵可湿性粉剂800～1000倍液。对药时，宜各自按倍数对好后再行混合喷洒。药剂应随用随配，不宜久存。

防治地下害虫可选用50%辛硫磷乳油800～1000倍液，或40%氧化乐果乳油800～1000倍液。防治线虫类可撒施30%呋喃丹颗粒剂，或10%铁灭克颗粒剂，亩用量2.5～3.5千克。

接触农药的操作人员应配带橡皮手套，穿胶皮靴，带防毒面具或口罩。遵守使用规则。应用过的工具用完后清洗洁净。人员用肥皂清洗皮肤。场地要标明喷洒或喷灌有毒农药。剩余的药剂入库设专人管理。实施中，工作人员发现头痛、恶心等症状，应立即停止作业，找出原因。如果因药物过敏，应更换操作人员。

(2) 栽培容器选择：

栽培母本的容器应选用口径24～30厘米瓦盆，或直接栽植于平畦中，或扦插。小苗栽培时，选用8×10～10×10（厘米）营养钵。容器应刷洗干净。

(3) 土壤选择：

扦插土壤可选用沙土类，或沙土50%、腐叶土50%。母本栽培土壤为园土40%、细沙土30%、腐叶土30%，另加腐熟厩肥8%，如应用腐熟禽类粪肥或颗粒粪肥为6%左右。小苗应用土壤为细沙土50%、腐叶土50%，另外加腐熟厩肥3%～4%，应用腐熟禽类粪肥、颗粒肥、腐熟饼肥为1%～2%，再加骨粉0.5%～1%或应用无机肥，初上盆时加2%～3%复合肥。

(4) 亲本栽培：

母本栽培有两种方法，即容器栽培或畦地栽培。

容器栽培：将丛生植株修剪后，栽植于备好的花盆中。选用垫肥方法，即将盆底用塑料网或碎瓷片垫好后，装3～5厘米厚的陶粒，陶粒上装填栽培土2～3厘米。目前有人在陶粒上铺一层塑料网，网上装填栽培土，使之不漏或少漏土，效果更好。再于盆壁四周放3～4片碎蹄角片，或撒一圈骨粉，或腐熟饼肥、颗粒粪肥，覆土盖严后栽植。置温室半阴场地，浇透水，保持见湿见干。室温保持适温阶段，每15～20天追肥1次。随时清除残花败叶及杂草。保持土表通透，勤松土。适用于繁殖量不太大的情况。

畦地栽培：于温室内划出栽培畦地，一般情况靠东侧、西侧两畦距墙边留30～40厘米操作养护空间。南侧窗下留30～40厘米空间，这一空间距上部采光面很近，植株伸展不开，再则与室外只有一层塑料薄膜或一层玻璃之隔，温度不易掌握，通常弃之不用。北面预留1.3～1.5米运输兼操作人行通道。规划好后，畦内进行翻耕，翻耕深度不小于25厘米，畦土中杂物过多，应过筛或换土。并施入腐熟厩肥每亩1500～2000千克。翻耕深度变浅或加深时，腐熟厩肥减少或增加。整体耙平压实后，南北向叠畦，畦宽习惯上不大于1.6米，1.2米较为合适。畦埂高15～20厘米，埂宽压实后30厘米左右。耖埂时由畦埂两侧取土，耖好后畦内再次耙平。按30～40厘米株行距将丛生苗栽植于畦中，浇透水。以后土表不干不浇水，但需中耕除草，保持土表通透。对不能作插穗的横生枝、下垂枝、停止生长的弱枝、病残枝，随时剪除或短截，并随时剪除花序，不使其开花而消耗体内养分。生长期间每15～20天追液肥1次。随时调节室温，不高于及不低于生长最适温度。

(5) 扦插繁殖小苗：

可用苗床、苗浅、浅木箱扦插，也可选用小营养钵扦插。无论选用哪种扦插繁殖，容器必须清洁干净，土壤或基质必须充分晾晒或高温消毒灭菌。

苗床或温室内平畦扦插：苗床有高床、低床之分。

高床是由砖石或金属器材作支架，支架上再用砖石或木材作床。床内铺陶粒并设有排水沟，排水沟连接排水管道、过滤井，进入贮水池。或排水沟陶粒上铺一层过滤网，过滤网上为扦插土壤或基质。土壤与基质厚度不应小于15厘米。床的全高80～120厘米，上面有活动盖窗，下边大量接触空气，既能保温，又能调解温度。扦插后由于温度与湿度适宜，有生根快、成活率高的优点。

低床高40～50厘米。地面铺一层塑料薄膜，薄膜上铺一层陶粒，并设排水暗沟，暗沟连通排水管道、排水井、过滤井、沉淀井，流入贮水池或排水沟。不设支架。

平畦扦插，指将整理好的畦内土壤掘出来，更换扦插土壤或基质。为较好的方法。目前这种方法应用的土壤或其它基质非常复杂，但均能使插穗生根成活。可以将原来畦土，经翻耕、灭虫灭菌后即行扦插，株行距约8～10厘米。生根后带土球移植。也可在原土中加入适量蛭石、珍珠岩、岩棉，各种规格沙土、腐叶土、腐殖土等等，均能生根。移植时，基质松软的可带部分宿土上盆，质地较紧密的必须带土球移植上盆。应用容器扦插，常用土壤为沙土类，或沙土类50%加腐叶土或腐殖土或蛭石50%，有条件时，垫一层陶粒以利排水。

选择插穗时，选取母株枝先端部分长8～10厘米，因发生新根后才能形成花芽，故下段不能应用。用利剪剪取或用芽接刀切取，以切取为好。切下后将基部1～2片叶切除，按强弱分级。扦插时先将土壤浇透水，水渗下后将坑洼不平的地方用原土填垫平后，用一直径大于插穗直径的木棍或竹棍，也可用金属制作的专用工具在土面扎孔，孔深6～8厘米，将插穗置于孔中，四周压实，并使其呈直立状态。喷水或喷雾保湿及补充土壤中水分。在室温20～24℃环境中，20天左右即可生根。生根后及时分栽，转入常规栽培。

应用小营养钵扦插时，每钵1个插穗，应用组合扦插土。养护管理应与普通扦插分开，以利水分控制。成活后及时浇肥水。

(6) 上钵后的养护管理：

上钵后置通风良好、半阴场地缓苗。缓苗期间保持钵内土壤湿润。新芽萌动后，减少浇水量，保持土表不干不浇水。新叶展开后开始追肥，肥料选用以磷钾肥为主的无机肥，对水量为浓度3%～4%，每隔10～15天1次。随时摘除枯叶，薅除杂草。花开后，准备组合立体花坛。

44. 立体花坛上的小钵苗，秋季撤除花坛时大多被报废遗弃，能否运回小花圃复壮栽培？

答：运回花圃后，即行脱钵换盆换土。并将残枝败叶剪除，置阴棚下或温室内通风良好半阴处，待新叶发生后，逐步移至光照充足场地。新叶全部伸展后，盆土见湿见干，应每20～25天追液肥1次，即能良好复壮生长。矮生种对高温敏感，夏季应置通风良好、半阴场地栽培。

45. 在楼房阳台上栽培的碰碰香天竺葵，一到夏天就死苗，已经连续3年了，我该怎么办？

答：在阳台上栽培碰碰香天竺葵，需要通风良好，光照明亮，夏季不直晒的环境。夏季死苗原因很多，但主要有直晒光照过强，盆土长时间过湿，阵雨天气直淋等。夏季烈日照射在建筑墙面上的温度可达70℃以上，如果此时土壤缺水或植株已经处于缺水状态，强烈的热气烘烤叶片，使植株体内水分快速蒸发，植株严重失水而死亡，可以说是烘烤致死。

盆土长时间过湿，往往与通风不良有关。土壤过湿，土壤中含水量过多，土壤空隙中空气位置被水占领，根系不能正常呼吸导致死苗。夏季本来气温很高，盆土温度也高，但在植株能够承受的范围。突遇阵雨，温度较低的雨水淋入花盆后，盆内热空气急剧上升至土表，植株基部表皮处的温度超过植物能忍受的最高限温度，造成烫伤，而后腐烂死亡。

由此可见，夏季在阳台栽培碰碰香天竺葵时，要防直晒、直淋，并通风良好。再有因出室过晚，在室内长时间光照不足条件下突然移至烈日下，不能适应环境而晒死。

46. 我栽培的天竺葵，5月中旬移至直晒处，很多叶片有灼伤。花友4月中旬移至直晒处，却枝壮叶绿，没被日灼，是什么原因？

答：因为4月中旬天气已逐渐变暖，但光照和热辐射还不是很强，移至直晒处后，光和热是逐渐上升的，植株逐步适应，故没受伤害。而5月中旬，天气已经很热，日照较强，而植株又是一冬在室内光照不足环境中生长的，突然移至较强的直晒光下时，不能适应而造成叶片日灼。为防止日灼，出室时先摆放在半阴环境下，如窗台上、建筑西北侧、树荫下、棚架下等处，待适应一段时间后，逐步移至直晒光下，就不会出现这种现象了。

47. 阴棚下栽培的天竺葵，突遇先是刮风下雨，后变雪的天气，第二天早晨发现部分叶片萎蔫，还有办法挽救吗？

答：气温降到冰点以下时，植株体内组织即发生结冰而受害，这种伤害即为我们常说的冻害。受害后有无挽救的可能，通常有两种情况：一种为气温逐步缓慢下降至冰点以下，这种情况，阴棚下栽培的植株不要移入温室内，只作防风处理，要适量喷水，在气温自然升高时，体内水分逐渐解冻恢复，还有挽救的可能。如果移入温室，温度骤然上升，加速蒸腾，使失去的水分无缓冲恢复时间，脱水致使植物很快死亡。

另一种情况是气温骤然下降至冰点以下，细胞间隙与细胞内同时结冰，直接破坏了原生质的结构，就很难挽救生命了。

五、病虫害防治篇

1. 发现天竺葵腐烂病如何防治？

答：天竺葵腐烂病又称细菌性斑叶病，在茎、叶均有发生。叶片受害时，初为黄褐色小斑点，而后逐步扩大成为暗褐或赤褐色、圆形或不规则形斑块，病斑有轮纹，严重时病斑布满全叶，叶脉、叶柄也变为褐色，最后枯干脱落。病斑发生在茎上，茎部黑腐，使维管束呈褐色或黑色。茎上的叶片黄枯脱落，茎部腐烂，病斑多为纵向长条形。病菌借扦插伤口、机械损伤、喷水或雨淋水滴传播。高温、高湿、通风不良易发病。

防治方法：

(1) 修剪、扦插时，工具严格消毒。

(2) 栽培土壤需充分晾晒或高温消毒灭菌。

(3) 不从有病史的花圃或植株切取插穗，严格检疫，不使病枝入圃。

(4) 发病前或初发病时，喷洒1%波尔多液或400～1000mg/L农用链霉素，每10天左右1次，连续2～3次，有抑制病情作用。

2. 发现有黑斑病怎样防治？

答：发病初期在天竺葵叶片上出现圆形或椭圆形斑点，先为紫褐色，后变为黑褐色或黑色，病部与健康部有明显分界限，后期病斑变为灰色，并出现小黑点。病斑较多时连接成大斑。叶片逐步变黄进而枯焦。病株下部叶片开始依次向下枯死，严重时，1个枝条只剩下先端2～3个叶片。

防治方法：

(1) 加强检疫，不使病株入圃。

(2) 多施磷、钾肥，增强抗病能力。

(3) 发现病叶及时摘除，集中烧毁。

(4) 喷洒75%百菌清可湿性粉剂，或50%多菌灵可湿性粉剂600～800倍液，或70%甲基托布津可湿性粉剂800～1000倍液。每7～10天1次，连续2～3次，有抑制病情效果。

3. 天竺葵有菌核病如何防治?

答：菌核病多发生在茎干基部及茎干上。初发病时，茎上出现黄褐色小斑，而后向上下扩展，呈不规则长条病斑。潮湿环境为水渍状软腐，病部出现棉絮状白色菌丝，当病斑扩大到茎的半周以上时，叶柄、叶片全部枯萎脱落。干燥环境或潮湿转干燥环境，菌丝消失，将病茎剖开，内有鼠粪状菌核，有时就生长在病部外面。病菌在土壤及病株残体上越冬，借风雨传播。

防治方法：

(1) 发现病株及时拔除，集中烧毁。

(2) 栽培土壤、应用容器、养护操作工具，严格消毒灭菌。

(3) 栽培养护中尽可能减少刮蹭，喷水时尽可能减低水压。

(4) 喷洒50%氟硝胺1000倍液，或50%多菌灵可湿性粉剂1000倍液，或70%甲基托布津800～1000倍液，每10天左右1次，连续2～3次，有预防发病及抑制病情发展的效果。

4. 有温室白粉虱如何防治?

答：温室白粉虱又称温室粉虱，简称白粉虱。在温室内或阴棚下均有发生。白粉虱群集于叶背，世代重叠，刺吸汁液，造成暗白色小斑点，严重时全叶片或全株叶片由绿变黄，枯萎死亡。并排泄大量蜜露，造成煤污病，还会招引蚂蚁，加重污染。

防治方法：

(1)利用其喜黄色性，可用黄色胶条或涂有黄油的黄色板、黄色布条等诱杀。

(2)喷洒20%杀灭菊酯乳油6000～8000倍液，或2.5%溴氰菊酯乳油5000～8000倍液，或40%氧化乐果乳油1000～1500倍液，或50%杀螟硫磷乳油1000～1500倍液，每10天左右1次，连续2～3次可杀除。

5. 天竺葵上有小钻心虫危害如何防治？

答：小钻心虫危害花蕾，有时也危害茎干。咬破苞片或茎皮钻入内部啃食，造成不能正常开花，或茎干连同叶片逐渐枯死。

防治方法：

(1) 虫口数量不多时，可人工捕捉。

(2)喷洒40%氧化乐果乳油1200～1500倍液，或20%杀灭菊酯乳油5000～6000倍液，或50%辛硫磷乳油1500～2000倍液杀除。

6. 发现有鼠妇如何防治？

答：鼠妇又有潮虫子、湿生虫、鼠婆、西瓜虫、蒲鞋底虫等多种名称。啃食嫩根、嫩芽造成天竺葵生长缓慢，又有碍观赏。

防治方法：

(1) 不在温室内堆放栽培土。经常清扫，保持温室内犄角旮旯的清洁。尽可能保持通风良好。

(2) 虫口数量不多时，可在盆下底孔处、盆沿的阴面、温室内的阴湿角落处人工捕杀。

(3) 喷洒50%辛硫磷乳油1000～1500倍液，或50%马拉硫磷乳油1000倍液。喷洒宜细密，最好别有遗漏。

(4) 用3%呋喃丹微颗粒剂，或50%西维因可湿性粉剂喷或撒粉，亩用量约3千克。

(5) 家庭环境，可用市场供应的杀虫、灭蚊剂，向盆底盆壁喷洒杀除。

7. 阳台栽培天竺葵，有蚂蚁爬来爬去，怎样将其杀除？

答：蚂蚁种类很多，常见的有普通黑蚁、黄土蚁、厨蚁还有白蚁等。常在茎干基部、土中或花盆底孔处筑巢，或在盆土表面堆成小土丘，或筑成一条条小隧道，影响根系生长发育。另外还与蚜虫、介壳虫等共生，造成多方危害。

防治方法：

(1)脱盆换土，换下的土壤用开水灌浇，杀死成虫及幼虫。

(2)在距花盆50～100厘米处，用容器放置甘蔗渣、面包渣、水果残渣等，诱其出巢取食，此时用开水浇灌或倒入火炉中烧杀。

(3)将食物中掺入70%灭蚁灵可湿性粉剂，任其又食又搬运回蚁巢，杀死效果也好。

(4)喷洒20%杀灭菊酯乳油1500～2000倍液，或浇灌50%辛硫磷乳油1500倍液，或浇灌50%马拉硫磷乳油1000～1500倍液杀除。

(5)家庭条件可将其移至水池内，浸水捕杀。也可喷洒雷达牌杀蟑灭蚁剂杀除。

8. 阳台上栽培的盆花中有蚯蚓，应怎样防治？

答：蚯蚓又叫地龙或曲蟮，它对土壤肥力影响的益处早已肯定，有好的评价，但对盆栽花卉却是害虫，它在土壤中爬来爬去，筑成潜道，在土面排粪堆丘，既破坏根系影响生长，又影响观赏。特别对小盆栽破坏力更大。

防治方法：

(1) 栽培容器、栽培土壤充分暴晒或高温消毒灭菌。

(2) 栽培时垫好盆底孔，以防由底孔钻入盆内。

(3)结合脱盆换土人工捕杀。

(4) 盆内灌水或将盆土置于水中，土壤中缺少空气，蚯蚓自然会爬出土面，人工捕杀。

(5) 浇灌50%辛硫磷乳油1000～1500倍液，或马拉硫磷乳油1000～1500倍液，或40%西维因可湿性粉剂500～800倍液，或用呋喃丹粉剂撒粉，均有良好杀除效果。

六、应用篇

1. 用于迎春花展的天竺葵有哪几种？

答：天竺葵花期较长，通常于10月至翌年6月均有花开。大花天竺葵形似彩蝶飞舞于绿叶枝头，红花红得艳丽，如火如荼；白的冰肌玉骨，晶莹如雪；粉的柔和如桃似杏。马蹄纹的金边、银心的叶片，色彩分明，五颜六色各有千秋。藤本的天竺葵飘逸自然，那匍匐的安逸自在，那香叶的触之肌肤留香，香味久久不散。几乎所有种类均能参加春季花展。

2. 天竺葵能用于花坛或花带吗？

答：可于春季或秋季布置专类花坛，或点缀草地边角、道路两旁、大门两侧等。矮生类型、藤本或匍匐类型，可作立体花坛。

3. 天竺葵怎样装点大厅？

答：天竺葵常摆放在大型花木陈设的前边，以调合色彩为主。也可组合成大盆独立摆放，或摆放于宣传栏下。大厅是人流集中及流动性较高的场地，摆放时应以不妨碍工作者及客人活动为宗旨。

4. 天竺葵怎样应用于走廊?

答：走廊是供人通行的地方，要想陈设花卉，应在边角地方摆放，以免影响通行。也可在墙壁或立柱高1.8米左右位置，设立固定小花架，摆放在花架上。最好选用藤本类型或匍匐类型。

5. 天竺葵在会议厅如何摆放?

答：有主席台的会议厅，应摆放在主席台下的四周。没设主席台的大型圆桌，应组合成大盆，摆放于圆桌中心的空位上。小型会议室，可放置边角的花架上或窗台上。如台面不妨碍与会者交谈，也可摆放于台面上。

6. 道路两旁怎样陈设天竺葵?

答：道路两旁最好能摆放成带状列置。如果布置区域较大、较长，中间应有变化。如突出一个半圆或几个圆的组合、菱形组合、长方形组合等，也可有高大容器栽培花木或花卉参加，以打破过于规整的局面。

7. 天竺葵在花槽中怎样陈设?

答：天竺葵类应用于花槽布置时，靠花槽的两侧布置藤本或匍匐植株，中间一行布置直立型植株，自然和谐，互不遮挡。也可两边布置矮生型或观叶型，如金边天竺葵、银边天竺葵等，求其高低错落的效果。

8. 大花毛蕊老鹳草怎样应用?

答：可布置花境、道路两边、绿地边角、庭院边角、墙边、篱下、山坡、林缘、疏林下，也可用作切花。

蝴蝶天竺葵

蔓生天竺葵

洋蝴蝶

麝香天竺葵

白斑叶天竺葵

亮叶天竺葵

亮叶天竺葵

亮叶天竺葵

掸尘香

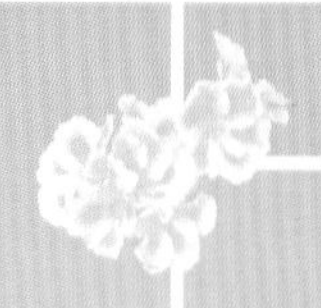

天竺葵

毛蕊老鹳草

蝴蝶天竺葵

亮叶天竺葵

洋蝴蝶

亮叶天竺葵

斑叶天竺葵